Joy Raynaud

Les obstacles de l'accès aux soins

Joy Raynaud

Les obstacles de l'accès aux soins

Concepts, modèles et indicateurs

Presses Académiques Francophones

Impressum / Mentions légales
Bibliografische Information der Deutschen Nationalbibliothek: Die Deutsche Nationalbibliothek verzeichnet diese Publikation in der Deutschen Nationalbibliografie; detaillierte bibliografische Daten sind im Internet über http://dnb.d-nb.de abrufbar.

Information bibliographique publiée par la Deutsche Nationalbibliothek: La Deutsche Nationalbibliothek inscrit cette publication à la Deutsche Nationalbibliografie; des données bibliographiques détaillées sont disponibles sur internet à l'adresse http://dnb.d-nb.de.

Coverbild / Photo de couverture: www.ingimage.com

Verlag / Editeur:
Presses Académiques Francophones
ist ein Imprint der / est une marque déposée de
AV Akademikerverlag GmbH & Co. KG
Heinrich-Böcking-Str. 6-8, 66121 Saarbrücken, Deutschland / Allemagne
Email: info@presses-academiques.com

Herstellung: siehe letzte Seite /
Impression: voir la dernière page
ISBN: 978-3-8381-8980-2

Les obstacles de l'accès aux soins

Concepts, modèles et indicateurs

Joy Raynaud

2010

Remerciements

Je souhaite remercier chaleureusement les deux professeurs qui ont accepté de diriger mes études pour ce mémoire de recherche. Les encouragements du Professeur Laurent Chapelon (Université Montpellier III), ses conseils avisés en aménagement du territoire et plus précisément sur la question de l'accessibilité aux services ont constitué une aide précieuse. Je remercie également le Professeur Henry Bakis (Université Montpellier III) pour son soutien, sa disponibilité et ses conseils pour mener à bien ce mémoire.

Je tiens tout particulièrement à remercier le Professeur Henri Picheral pour ses précieux conseils en géographie de la santé et les nombreuses références bibliographiques qu'il m'a recommandé de lire. Sa gentillesse et sa passion m'ont permis d'affiner mon analyse et de gagner un temps considérable.

Enfin, je souhaite vivement remercier l'Union Régionale des Médecins Libéraux (URML) du Languedoc-Roussillon pour m'avoir permis d'effectuer un stage de six mois à leur côté. Je remercie en particulier le Dr. Eric Coué, Président de l'URML, qui m'a permis cette immersion professionnelle essentielle afin de mieux saisir les réalités territoriales et les problèmes spatiaux auxquels sont confrontés les médecins dans leur quotidien. Je souhaite à tout étudiant d'être accueilli avec tant de gentillesse et de considération lors d'un stage. Je remercie également Christophe Evrard (Maitre de conférences à l'université Montpellier III) de m'avoir orienté vers cet organisme pour y effectuer un stage.

Sommaire

Introduction

- **L'égalité d'accès aux services publics : des problématiques au cœur des politiques d'aménagement du territoire**

En France, l'aménagement du territoire s'appuie sur le polycentrisme et le maillage pour concevoir et réaliser des projets. Cette conception vise la coopération des métropoles entre elles et avec les collectivités qui les entourent et renforce le rôle de l'État en tant que garant d'un développement solidaire de tous les territoires[1]. La structuration simultanée des mailles au niveau micro-territorial et des pôles au niveau macro-territorial vise une cohérence d'ensemble, une plus grande flexibilité en diminuant les déséquilibres, en garantissant l'accès de l'ensemble des citoyens aux services publics[2]. Cette notion de « *polycentrisme maillé* »[3] insiste également sur l'intérêt de la spécialisation des territoires : « *un territoire peut, par exemple, être spécialisé dans une fonction résidentielle populaire, pourvu que ses habitants puissent à la fois disposer des services de base et avoir facilement accès aux autres fonctions urbaines implantées ailleurs (loisirs, culture, commerces, formation, travail)* »[4]. Cette recherche d'équité spatiale s'observe dans de nombreux domaines tels que l'éducation (accès aux établissements scolaires ou universitaires), la santé (infrastructures de soins, pharmacie, etc.), la justice (tribunaux de proximité), la police (police de proximité, unités territoriales de quartier), les bureaux de poste, etc. Plus largement, en matière de transport, l'Etat souhaite « *donner des chances comparables de développement à chacun des territoires urbains ou régionaux en*

---

[1] GUIGOU J-L., et al. (2001)

[2] BONGIOVANI I., NOGUES M. (2003)

[3] VIGNERON E., CORVEZ A., SAMBUC R. (2001)

[4] BEHAR D., ESTEBE P. (2007)

7

résorbant du mieux possible leur déficit d'accessibilité »[5]. « Ainsi, du point de vue de l'aménagement du territoire, la question de l'accessibilité (aux moyens de transport, à l'énergie, aux Technologies de l'Information et de la Communication…) reste cruciale et elle nous ramène à des interrogations anciennes sur le service public[6]. La question de l'accès est donc au cœur des réflexions en aménagement du territoire, notamment lorsque l'Etat réaffirme sa volonté de garantir une égalité d'accès aux infrastructures publiques conforme au principe d'égalité des citoyens devant le service public[7].

- **L'égalité d'accès aux soins : une priorité en France et dans le monde**

En matière sanitaire, les politiques publiques en France mais aussi l'Organisation Mondiale de la Santé (OMS) visent une répartition plus homogène de l'offre de soins afin de garantir une meilleure égalité d'accès des populations à la santé sur l'ensemble des territoires. Dans son dernier rapport sur la santé dans le monde en 2008, l'OMS a déclarée que « *Les inégalités en santé résultent aussi des inégalités en matière de disponibilité, d'accès et de qualité des services, de la charge financière qu'elles imposent aux individus* »[8]. Malgré les dépenses publiques de santé les plus élevées au monde, les français sont également très inégaux devant la santé. Ces disparités ont même tendance à s'aggraver depuis vingt ans, comme le montrait en 2002, le troisième rapport triennal du Haut Comité de la Santé Publique[9]. A ce sujet, la Loi d'Orientation pour l'Aménagement et le

---

[5] FOUCAULD J-B. (dir.) (1992), *Transports 2010*, Paris, Commissariat Général du Plan, La Documentation Française, 516 p.. Cité dans CHAPELON L. (1998)

[6] MUSSO P., CROZET Y., JOIGNAUX G. (2001)

[7] GUIGOU J-L., et *al.* (2001)

[8] OMS (2008)

[9] Haut Comité de la Santé Publique (2002)

8

Développement Durable du Territoire (LOADDT) du 25 Juin 1999, proposée par Dominique Voynet, présente huit Schémas de Services Collectifs (SSC) qui définissent des objectifs dans le cadre d'une réflexion prospective à 20 ans. Parmi ces huit thèmes stratégiques pour l'aménagement du territoire[10], l'un d'entre eux concerne les services sanitaires et a pour objectif « *d'assurer un égal accès en tout point du territoire à des soins de qualité* ». Il vise à corriger les inégalités intra et interrégionales en matière d'offre de soins et à promouvoir la continuité et la qualité des prises en charge en tenant compte des besoins de santé de la population, des conditions d'accès aux soins et des exigences de sécurité et d'efficacité. Il veille au maintien des établissements et des services de proximité.

La volonté des pouvoirs publics de garantir l'accès aux soins sur le territoire est rappelée, plus récemment dans la nouvelle loi Hôpital, Santé, Patients et Territoires (dite loi HPST) votée le 21 juillet 2009, qui concerne l'ensemble du champ sanitaire et médico-social et dont le deuxième volet s'intitule : « *L'amélioration de l'accès à des soins de qualité* ». C'est la première fois que la notion de proximité apparait dans une loi hospitalière : « *L'accès aux soins de premier recours ainsi que la prise en charge continue des malades sont définis dans le respect des exigences de proximité, qui s'apprécie en termes de distance et de temps de parcours, de qualité et de sécurité.* »[11]. De même, la question de l'égalité d'accès aux prestations sanitaires est l'un des principes fondateurs adoptés par la Conférence Nationale de la Santé (CNS), l'objectif est alors de « *réduire les inégalités intra et*

---

[10] L'enseignement supérieur et de la recherche, la culture, la santé, l'information et de la communication, le transport de voyageurs et le transport de marchandises, l'énergie, les espaces naturels et ruraux et le sport. Source : www.legifrance.gouv.fr

[11] Texte de loi Hôpital Patients Santé Territoires : www.legifrance.gouv.fr

interrégionales » et de « *garantir à tous l'accès à des soins de qualité* » en favorisant, par exemple, l'installation d'établissements et de professionnels de santé en zones défavorisées[12]. Ainsi, l'aménagement d'une offre diversifiée de soins de proximité (soins ambulatoires, hospitalisation de premier niveau, services d'urgence) doit permettre une bonne accessibilité aux soins pour l'ensemble de la population, tandis que d'autres activités sanitaires, plus spécialisées, doivent être concentrées dans des établissements disposant d'un environnement technique sophistiqué[13].

Si la question de la proximité en temps est essentielle pour mesurer l'accessibilité à un service sanitaire, l'adéquation locale entre l'offre de soins et la demande de santé est une dimension importante de l'accès puisqu'une offre insuffisante engendre des délais d'attente importants. En ce sens, un médecin peut se situer à proximité d'une population donnée mais avoir un délai d'attente pour obtenir un rendez-vous de plusieurs semaines. Cette question intéresse particulièrement les professionnels de santé qui souhaitent anticiper la baisse de la démographie médicale afin de mieux planifier l'offre de soins.

- **Pourquoi le Languedoc-Roussillon ?**

Afin d'illustrer ce travail sur l'accessibilité aux services sanitaires à travers l'analyse et la modélisation de l'offre de soins, la région Languedoc-Roussillon constitue un cas d'étude particulièrement intéressant.

Tout d'abord, cette région du Sud de la France présente un nombre de professionnels de santé supérieur à la moyenne nationale avec 9 337 médecins

---

[12] BRODIN M. (2000)

[13] GUIGOU J-L., et *al*. (2001)

généralistes ce qui correspond à une densité moyenne supérieure à la moyenne nationale : 368 pour 100 000 habitants (dont 180 généralistes et 188 spécialistes pour 100 000 habitants)[14].

Mais cette offre abondante en matière sanitaire révèle également de fortes hétérogénéités territoriales en termes de densités médicales. Si la frange littorale est bien dotée en offre de soins, on observe un gradient de concentration qui décroit vers les espaces ruraux de l'arrière-pays. Ces espaces sous-médicalisés sont confrontés au vieillissement des praticiens et au faible renouvellement des cabinets médicaux après la cessation d'activité[15]. Par exemple, en 2009, le département de la Lozère dispose, pour 100 000 habitants, de seulement de 87 spécialistes, 150 généralistes (193 dans l'Hérault), 113 sages-femmes (160 dans l'Hérault) et 51 chirurgiens-dentistes (89 dans l'Hérault)[16].

Une étude prospective menée par la Direction de la Recherche, des Etudes, de l'Evaluation et des Statistiques (DREES) en 2009 prévoit une baisse des effectifs des généralistes et des spécialistes en France d'ici 2030[17]. Cette évolution serait moins marquée pour les généralistes que pour les spécialistes, mais avec de fortes disparités suivant les spécialités et les régions. En tenant compte de la répartition régionale du numerus clausus, des postes ouverts aux épreuves classantes nationales (ECN) ainsi qu'à la mobilité des praticiens, la densité médicale chuterait de 30% entre 2006 et 2030 en Languedoc-Roussillon. Le nombre de médecins en

---

[14] ORS (2009)

[15] EVRARD C. (2003)

[16] ORS (2009)

[17] DREES (2009)

11

activité diminuerait alors de 8% tandis que la population devrait croître de 30% : la densité médicale serait alors réduite de 30%[18].

Ce scénario indique que les disparités de densités de médecins généralistes s'intensifieraient nettement entre 2006 et 2030, en particulier au détriment des régions Languedoc-Roussillon, PACA, Corse et Ile-de-France, et au profit notamment des régions Poitou-Charentes, Lorraine, Auvergne, Basse-Normandie et Bretagne.

Dans ce contexte, le Languedoc-Roussillon, région bien équipée dans le domaine sanitaire[19], semble particulièrement intéressante pour analyser l'accessibilité aux soins à travers une répartition fortement hétérogène des professionnels de santé et une forte diminution de la densité de l'offre.

- **Une collaboration essentielle avec des professionnels de santé**

Durant l'étape de réflexion pour la réalisation de ce mémoire, la nécessité d'interagir avec des professionnels de santé est rapidement apparue comme un élément essentiel pour réaliser un travail universitaire correspondant à des problématiques territoriales bien réelles. J'ai donc effectué un stage de six mois (Janvier à Juin 2010) à l'Union Régionale des Médecins Libéraux (URML) du Languedoc-Roussillon. Les Unions régionales des Médecins Libéraux ont été créées par la loi 93-8 du 4 janvier 1993 relative aux relations entre les professionnels de santé et l'assurance maladie. Elles contribuent à l'amélioration de la gestion du système de santé et à la promotion de la qualité des soins. Définies par

---

[18] Selon la DRASS, elle diminuerait de 24% à l'horizon 2020 : voir DRASS (2003) et de 38% selon Flori F. (2002)

[19] INSEE, Tableaux de l'Economie du Languedoc-Roussillon (2008)

la loi, leurs missions concernent l'analyse et l'étude relatives au fonctionnement du système de santé, à l'exercice libéral de la médecine, à l'épidémiologie ainsi qu'à l'évaluation des besoins médicaux ; l'évaluation des comportements et des pratiques ; l'organisation et la régulation du système de santé ; la prévention et les actions de santé publique ; la coordination avec les autres professionnels de santé mais aussi l'information et la formation des médecins et des usagers. En Languedoc-Roussillon, l'URML représente les 6000 médecins libéraux en activité de la région, 3200 généralistes et 2800 spécialistes. Son Assemblée Générale est composée de 60 membres (30 généralistes et 30 spécialistes) élus par leurs confrères pour 6 ans sur des listes présentées par les syndicats médicaux. Elle bénéficie de la légitimité que lui confère le suffrage universel et des moyens provenant de la cotisation obligatoire de tous les médecins conventionnés qui lui permette de fonctionner.

Etant donné sa vocation à produire des études et des rapports en matière sanitaire à l'échelle régionale, l'URML a été très intéressée par ma candidature. Son président fut enthousiaste à l'idée d'interagir avec un étudiant compétent en géographie et en aménagement du territoire étant donné, qu'à leurs yeux, nous tenons compte de l'hétérogénéité des territoires et des spécificités locales. Pour ma part, cette immersion professionnelle a été essentielle pour mieux comprendre les réalités territoriales et les problèmes spatiaux auxquels sont confrontés les médecins dans leur quotidien. C'est donc avec beaucoup d'intérêt et de plaisir que j'ai recueilli les conseils des médecins généralistes et spécialistes de l'URML concernant mon approche de l'accessibilité et de la modélisation, la réalisation de cartes, l'utilisation de certains mots ayant une sémantique différente pour les géographes-

13

aménageurs et les médecins, la perception des textes de lois par les médecins, la perception de l'évolution de leur métier, leurs principales préoccupations, etc.

- **Objectifs**

L'objectif de ce travail est de définir et de mesurer l'accessibilité spatiale à l'offre de soins dans un système de santé donné, à travers l'élaboration de modèles et d'indicateurs afin d'analyser et d'interpréter la représentation spatiale de ce concept.

Pour parvenir à cet objectif, une première partie de ce projet consiste à construire un cadre conceptuel rigoureux pour analyser le processus d'obtention des soins. Il s'agira tout d'abord d'étudier le rôle de la distance à travers la notion de proximité : une valeur républicaine essentielle dans les principes d'aménagement du territoire en France. Enfin, nous discuterons des cadres conceptuels existants de l'accès et nous proposerons une nouvelle synthèse pour une application opérationnelle à l'aménagement sanitaire.

La deuxième partie sera consacrée à la mesure de l'accessibilité spatiale. Nous analyserons l'importance de la modélisation pour les sciences humaines et plus particulièrement pour l'évaluation de l'accessibilité réelle. Puis, l'étude des différents types d'indicateurs de l'accessibilité nous permettra de faire un bilan sur les méthodes de modélisation grâce à la proposition d'un cadre de travail pour l'analyse et la validation des modèles et de leurs indicateurs pour l'accessibilité spatiale.

Enfin, la troisième partie concerne l'application des concepts et des modèles de l'accessibilité spatiale à l'offre de soins en Languedoc-Roussillon. Il s'agira de présenter, d'analyser et de discuter les cartes de l'accessibilité à l'offre de soins en

Lozère et dans l'Aude, créées à partir d'un indicateur de type 2SFCA (*two-step floating catchment area*).

Nous conclurons ce travail en proposant de nouvelles perspectives d'études pour une poursuite en thèse.

16

I. L'accès : une bataille conceptuelle

Le terme d'accès relève de multiples dimensions dans la littérature scientifique. L'analyse géographique nous conduisant naturellement vers le concept de distance, nous étudierons tout d'abord le rôle de la distance en aménagement sanitaire. Cependant, la nature des difficultés d'accès aux soins diffèrent selon les pays. Ces observations nous mèneront à examiner en détail les différentes dimensions que recouvre ce concept. Enfin, nous proposerons une synthèse de ces approches conceptuelles en formulant un modèle dynamique du processus d'obtention des soins.

1. *La distance, une dimension fondamentale de l'accès*

a. L'accès au cœur du dilemme entre concentration et diffusion des services de soins

La notion de distance est au cœur de toute conception de l'espace[20], elle est un élément fondamental de la géographie comme l'indique Philippe et Geneviève Pinchemel : « *La distance est le facteur premier de la relation des hommes à la surface de la Terre, parce qu'elle est le principe de leurs rapports à tout ce qui existe* »[21]. La distance métrique s'inscrit sur des réseaux techniques (infrastructures de transport, réseaux de gaz, d'eau potable ou usée, etc.) établis à partir de politiques d'aménagement du territoire. L'accessibilité aux services de santé pour un usager dépend donc du réseau technique de transport qu'il doit emprunter. En

---

[20] LEVY J., *Distance*, in LEVY J., LUSSAULT M. (dir.) (2003)
[21] PINCHEMEL P., PINCHEMEL G. (1997)

17

géographie, le concept de réseau n'est pas récent (les réseaux urbains ont été étudiés dès 1850), mais d'un point de vue théorique, les métriques topologiques d'un réseau ne sont pas considérées au même plan que les métriques topographiques des territoires. « *Le caractère discontinu et lacunaire du réseau conduisait à le percevoir comme posé sur un espace qui était forcément plus consistant et plus légitime* »[22]. Ainsi, les réseaux techniques (et technologiques comme nous allons le voir dans la partie suivante : I.1.b) assurent la connexion entre différentes portions du territoire et permettent donc de relier les individus. « *L'existence des réseaux est guidée par un besoin de mobilité, de communication, d'échange dû à l'hétérogénéité de l'espace géographique. Satisfaire un tel besoin suppose l'interconnexion de lieux géographiques. Interconnexion permise par les réseaux de transport et de télécommunication*[23] ».

En matière sanitaire, l'importance de la distance provient de la non-adéquation entre la localisation de l'offre et de la demande, elle est donc le facteur essentiel de l'accessibilité aux soins[24]. Si la demande est diffuse sur le territoire selon la répartition des individus, l'offre est concentrée selon son niveau de rareté. Pour E. Vigneron, la balance planificatrice oscille entre qualité et sécurité d'une part (concentration des soins) et accessibilité et proximité d'autre part (diffusion des soins) : voir Figure 1, page 19. Son équilibre reflète un choix de société, un large débat public est alors indispensable pour fixer les objectifs de l'organisation du système de soins avec les valeurs morales et les dépenses publiques associées.

---

[22] LEVY J., *Réseau*, in LEVY J., LUSSAULT M. (dir.) (2003)

[23] CHAPELON L. (2004), article « Réseau » sur le site *Hypergéo* : www.hypergeo.eu, consulté le 1 Mai 2010.

[24] VIGNERON E. (2001)

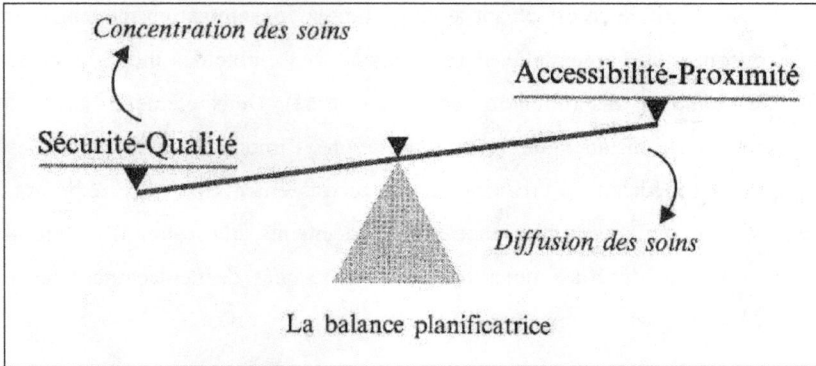

Figure 1 : La balance planificatrice. Source : VIGNERON E. (2001)

Le dilemme de la proximité et de la concentration des soins est fréquemment posé dans la littérature. La concentration des services de soins n'est pas seulement évoquée pour des raisons économiques mais aussi pour des questions d'efficacité médicale et de qualité des soins[25]. A cet égard, les études empiriques, effectuées en grande majorité dans les pays anglo-saxons, ne permettent pas d'identifier une corrélation directe entre la proximité des producteurs de soins et un effet bénéfique ou néfaste sur la santé[26]. Néanmoins, plus les individus sont éloignés de l'offre de soins, plus l'utilisation des services est faible et l'effet de l'accessibilité semble plus important pour la prévention que pour les soins curatifs. En France, Arié et Andrée Mizrahi se sont beaucoup intéressés à l'effet de la distance sur la consommation médicale. Leurs travaux démontrent, à l'exception de la médecine générale (où le médecin se déplace à domicile), une baisse de la consommation de soins avec l'augmentation de la distance aux services sanitaires. Cette friction de la

---

[25] LUCAS-GABRIELLI V., NABET N., TONNELIER F. (2001a)

[26] LUCAS-GABRIELLI V., NABET N., TONNELIER F. (2001b)

distance est identifiée en effectuant le rapport de la consommation moyenne réelle sur la consommation potentielle (dans le cas où l'ensemble des individus se situe dans une commune disposant du service concerné). Deux éléments influencent alors l'effet de la distance sur la consommation : l'implantation de personnes et d'équipements médicaux (l'urbanisation et l'accroissement de l'offre réduisent les distances à parcourir) et la résistance aux déplacements, qui résulte d'un équilibre entre la nécessité de consommer des soins et le coût de déplacement lié à la dépense, à la fatigue, au temps perdu, etc.[27]

En effet, il est important de souligner que la notion de distance aux soins n'est pas la même pour les espaces urbains et ruraux. En ville, la distance kilométrique n'est pas une contrainte majeure (malgré les embouteillages ou le stationnement à proximité des cabinets médicaux ou des domiciles des patients), mais la distance sociale constitue davantage un obstacle pour l'accès aux soins pour des individus vivant dans la précarité et n'exprimant pas ses besoins[28]. De même, dans certains quartiers se pose le problème de la violence, des soignants sont agressés et certains médecins de garde refusent de se déplacer sans une présence policière. En revanche, en milieu rural, la distance est essentiellement kilométrique puisque bien souvent, le territoire sur lequel un professionnel de santé soigne les patients recouvre de nombreuses communes, ce qui occasionne davantage d'actes de visites qu'en milieu urbain ainsi que des problèmes d'accès pour les personnes à mobilités réduites telles que les personnes âgées[29]. Ainsi, il est plus pertinent d'utiliser les distance-temps que les distances kilométriques étant donné l'éloignement entre

---

[27] MIZRAHI A., MIZRAHI A. (1992)
[28] BARBAT-BUSSIERE S. (2009)
[29] BARBAT-BUSSIERE S. (2009)

l'offre et la demande de soins, l'utilisation d'un réseau routier généralement de type secondaire (départementales ou route de montagnes) par les patients et les professionnels de santé et des conditions de circulation souvent aggravées en période hivernale.

Actuellement, la nouvelle loi Hôpital Patient Santé et Territoires (HPST) s'inscrit dans la continuité des précédentes lois concernant la recherche de la rentabilité à travers l'idée que seules les grandes concentrations hospitalières sont économes. Depuis 1958, les pouvoirs publics ont tenu à concentrer l'offre de soins hospitaliers pour mieux satisfaire la demande et limiter les coûts dans un contexte d'accroissement des dépenses et des coûts hospitaliers lié notamment aux progrès médicaux et au vieillissement de la population. Parallèlement, la loi HPST élargit l'influence des établissements publics de santé en créant des communautés hospitalières de territoire (CHT) qui sont un ensemble de structures d'accueil visant la mise en œuvre d'une stratégie commune à l'ensemble des établissements publics de santé d'un territoire. Leur échelle n'est plus celle de la commune mais celle de l'intercommunalité, du département, de la région, voire même davantage même si la réponse à la proximité de la demande doit être constante. L'idée est d'obtenir un fonctionnement en réseau des établissements publics où chaque activité médicale ou chirurgicale est autorisée de façon à ce que l'ensemble du territoire puisse être servi par les meilleurs spécialistes. Dans son analyse concernant le regroupement de l'offre de soins dans les grands centres urbains, J-M Clément critique cette politique qui s'avère peu efficace puisque les coûts hospitaliers n'ont cessé de croître et que la plupart des hôpitaux sont actuellement en déficit (29 Centres

Hospitaliers de Recherche sur 31) [30]. Selon l'auteur, la fermeture des hôpitaux de proximité coûte bien plus cher par les coûts de transport sanitaire qu'elle nécessite et par la mauvaise adaptation des moyens mis en œuvre pour soigner les pathologies. Plus le centre hospitalier est important, plus les moyens sont adaptés à des cas graves et plus les coûts de structure sont élevés. Ainsi, il serait bien moins coûteux de développer des services de médecine, de chirurgie, d'obstétrique de proximité que de multiplier les niveaux hiérarchiques, ce qui engendre une bureaucratie onéreuse par les prétentions salariales de ceux qui la servent et par les dysfonctionnements qu'elle induit. De plus, cette planification ne prend pas en compte l'hétérogénéité de l'espace et donc les besoins de santé des populations éloignées des centres de soins départementaux (espaces périurbains et ruraux). En ce sens, la seule prise en compte du critère économique où la loi du marché règne sans contrainte, ne semble pas convenir à la réduction de l'inégalité dans l'offre de soin et à la notion de service public hospitalier.

b. Au-delà de la distance : la télémédecine

La distance est également au cœur de la réflexion sur la télémédecine. Dans une volonté d'équité d'accès aux soins, la télémédecine permet, par sa technologie et ses objectifs, le transport quasi-instantané d'informations, limitant ainsi les retards, voire la non-communication, induits par les distances[31]. Le système de santé est perçu « *comme un pilier de notre pacte républicain. Ce système garantit à chacun, quels que soient ses revenus, son âge ou l'affection dont il souffre, une couverture*

---

[30] CLEMENT J-M. (2009)
[31] AUBLET-CUVELIER B. (2002)

maladie et un accès rapide sur tout le territoire aux soins dont il a besoin »[32]. En abolissant les distances entre professionnels de santé et patients, les pratiques de télémédecine contribuent fortement à la diffusion rapide des connaissances et des pratiques. Chaque patient peut ainsi prétendre à une qualité de prise en charge plus homogène et plus équitable sur l'ensemble du territoire[33]. En effet, « *Les réseaux de la télécommunication instantanée jettent un pont immatériel entre les divers* « *lieux* » *des territoires. Ils permettent de concevoir de nouvelles formes de relations entre les sociétés et les territoires : téléactivités, gestion spatiale, management de l'entreprise, etc.* »[34]. Il ne s'agit plus ici des réseaux techniques ayant une distance métrique, mais des réseaux de télécommunication dans lesquels les informations franchissent des distances quasi-instantanément. Cependant cette abolition des distances reste relative. Malgré ce « pont immatériel » avec l'utilisation des Technologies de l'Information et de la Communication (TIC), l'espace reste anisotrope et hétérogène, ce que l'on observe notamment en télémédecine. Contrairement à l'annonce de la fin de la distance et de la géographie dans les années 1970, on assiste à un processus général de métropolisation avec de fortes concentrations d'habitats et d'activités économiques, si bien que la majorité de la population mondiale est devenue récemment urbaine engendrant une polarisation de l'espace. Certes les TIC bouleversent les temporalités et les distances sociales, mais il continuera à exister une durée au transport des personnes et des marchandises et un coût de franchissement de la distance due à la non-transparence de l'espace.

---

[32] Allocution de Monsieur Nicolas Sarkozy, Convention UMP pour la France d'après, « *Santé : prenons soin de l'avenir* », Assemblée nationale, mardi 27 juin 2006. Cité dans LASBORDES P. (2009).

[33] AUBLET-CUVELIER B. (2002)

[34] BAKIS H. (1997)

En France, l'essor de la télémédecine n'est pas récent. Les premières expériences régionales de transmissions de pouls, d'électrocardiogramme et de mouvements respiratoires sont effectuées en 1966. L'Institut européen de télémédecine est créé en 1989 à Toulouse et l'Institut européen de téléchirurgie, en 1994 à Strasbourg. Les projets nationaux concernent la formation chirurgicale aux nouvelles techniques, la périnatalité, l'urgence, le développement de réseaux interrégionaux multidisciplinaires mais aussi la médecine en milieu carcéral[35]. Le développement rapide de la télésanté dès les années 90 a permis l'émergence de quatre types de pratique : la téléconsultation (consultation à distance), la téléexpertise (aide à la décision médicale à partir d'éléments d'informations médicales de caractère multimédia), la téléassistance (acte médical lorsqu'un médecin assiste à distance un autre médecin ou un secouriste), la télésurveillance médicale (acte médical qui découle de la transmission et de l'interprétation par un médecin d'un indicateur clinique)[36]. Si la médecine française rayonne dans le monde, une abondante littérature française et internationale atteste que la France est également un acteur majeur du développement rapide la télémédecine[37].

En 1999, la Loi d'Orientation pour l'Aménagement et le Développement Durable du Territoire (LOADDT) favorise l'usage des Technologies de l'Information et de la Communication (TIC) dans les structures hospitalières de façon à permettre le développement de la télémédecine et à assurer un égal accès aux soins sur l'ensemble du territoire. Mais c'est en 2009 qu'une définition précise de la télémédecine est donnée dans la loi HPST, article 78 : « *La télémédecine est une*

---

[35] MASSÉ G. *et al.* (2006)
[36] LASBORDES P. (2009)
[37] MASSÉ G. *et al.* (2006)

forme de pratique médicale à distance utilisant les technologies de l'information et de la communication. [...] Elle permet d'établir un diagnostic, d'assurer, pour un patient à risque, un suivi à visée préventive ou un suivi post-thérapeutique, de requérir un avis spécialisé, de préparer une décision thérapeutique, de prescrire des produits, de prescrire ou de réaliser des prestations ou des actes, ou d'effectuer une surveillance de l'état des patients. »[38].

Si la télémédecine est reconnue comme une pratique médicale depuis 2004, plusieurs facteurs limitent son développement. En 2008, un rapport ministériel[39] concernant la place de la télémédecine dans l'organisation des soins, évoque les principaux freins à la télémédecine. Tout d'abord, il constate une incertitude juridique quant à l'exercice actuel de la télémédecine et préconise une clarification des responsabilités engagées. Concernant la tarification, l'exercice de la télémédecine ne fait pas encore l'objet d'une reconnaissance particulière dans le cadre de la Classification des actes médicaux (CCAM) et une prudence de l'Assurance Maladie vis-à-vis de la tarification de la télémédecine. Il existe aussi des freins de nature sociologique et économique concernant les professionnels hospitaliers et libéraux, mais aussi les patients qui craignent un manque de confidentialité. D'autre part, des problèmes techniques sont encore insuffisamment maîtrisés dans certaines régions (absence de haut-débit, sécurisation, interopérabilité des données, etc.) et des difficultés organisationnelles apparaissent entre plusieurs échelles d'actions (territoires de santé dans le cadre de filières de soins spécifiques ou échelle régionale). Enfin, une dernière difficulté concerne l'absence d'évaluations médico-économiques suffisantes de la télémédecine. En

---

[38] Texte de loi Hôpital Patients Santé Territoires : www.legifrance.gouv.fr
[39] SIMON P., ACKER D. (2008)

résumé, R. L. Bashshur[40] identifie six éléments essentiels pour le fonctionnement d'un système de soins en télémédecine : la séparation géographique entre le fournisseur et le destinataire de l'information, l'utilisation des technologies de l'information comme un substitut à un face-à-face, un personnel ayant des compétences nécessaires en télémédecine, une structure organisationnelle appropriée pour le développement du réseau et sa mise en application, des protocoles cliniques pour le traitement et le tri des patients, et des critères normatifs concernant le comportement les professionnels de santé et de l'administration afin de préserver la qualité des soins, la confidentialité, etc.

Malgré ces difficultés, la télémédecine favorise le maintien d'une présence médicale sur des territoires peu peuplés et conjuguée avec l'activité d'autres services de l'Etat, elle contribue au maintien des populations sur des territoires en déclin démographique[41]. Dans les espaces ruraux, la participation à des réseaux populationnels (personnes âgées, femmes enceintes, etc.) ou centrés sur des pathologies peut sécuriser les patients et rompre l'isolement vécu par les professionnels de santé libéraux ou en hôpitaux. A cet égard, le département de la Lozère a créé un Pôle d'Excellence Rurale (PER) en 2007 afin de développer la télémédecine et de favoriser le partage d'informations entre les établissements hospitaliers, ce qui permet aux médecins de disposer d'informations indispensables lors de leurs interventions[42]. Dans un contexte de nomadisme médical, avec une patientèle très dispersée, occasionnant de nombreux déplacement, la télémédecine permet l'amélioration de la qualité des soins et de l'efficience de l'offre de santé

---

[40] BASHSHUR R. L. et al. (2000)

[41] AUBLET-CUVELIER B. (2002)

[42] Site Internet de la préfecture de la Lozère : www.lozere.pref.gouv.fr, consulté le 26 avril 2010.

locale ainsi que le renforcement des liens entre établissements hospitaliers du département. Cet exemple illustre le double caractère de la télémédecine, à la fois objet et acteur de l'aménagement du territoire, au même titre que la médecine[43].

Ainsi, la télémédecine constitue un moyen intéressant pour améliorer la qualité des soins ainsi que l'accès à la santé, notamment pour des populations vivant dans des espaces de faibles densités démographiques. Néanmoins peu d'études évaluent l'impact de la télémédecine sur l'accès aux soins. En effet, si l'accès aux soins correspond à la capacité des patients à utiliser les services de santé appropriés dans un délai raisonnable, peu d'expériences scientifiques à grande échelle ont été réalisées afin de déterminer les effets de la télémédecine sur le coût, la qualité et l'accès aux soins[44]. Ces expériences pourraient ainsi orienter les politiques publiques de santé dans le développement de la télémédecine, à travers le financement des infrastructures techniques et la définition d'un cadre juridique et financier.

En conclusion, la distance est un indicateur d'accès aux soins qui permet d'identifier les inégalités de l'offre de soins et d'observer la diffusion ou la concentration des équipements ou des professionnels de santé et de hiérarchiser ces services : Services de proximité ; Spécialités et disciplines hospitalières courantes ; Spécialités, équipements lourds et disciplines rares ou très spécialisées[45]. Néanmoins, « *Le critère pertinent pour l'équité en matière sanitaire est davantage l'accessibilité que la distance : accessibilité économique, sociale et culturelle*

---

[43] AUBLET-CUVELIER B. (2002)
[44] BASHSHUR R. L. et *al.* (2005)
[45] LUCAS-GABRIELLI V., TONNELLIER F. (1995)

(prise en charge en grande partie aujourd'hui par la CMU), accessibilité physique,
qui ne se réduit pas à la proximité, même si elle en est un élément déterminant ».[46]
C'est également ce que démontrent Penchansky R. et Thomas J. W.[47] en présentant
les cinq dimensions de l'accès que nous étudierons en partie I,3,b. Ainsi, la
question de la distance et donc de la proximité, n'est qu'une dimension de
l'accessibilité, comme le souligne E. Vigneron : *« Lorsque nous parlons de soins*
de santé, nous parlons assez rapidement d'accessibilité aux soins et de proximité.
Pourtant, la proximité, qui est une mesure de la distance réelle, vécue ou perçue
entre deux lieux, n'est pas nécessairement synonyme de l'accessibilité qui est une
mesure plus qualitative »[48].

Ainsi, *« La distance est au cœur de notre relation au monde et la société a donné à*
des femmes et des hommes – les géographes – mission d'éclairer cette relation. Le
domaine de la santé et des soins de santé n'y échappe pas. C'est la raison
fondamentale pour laquelle l'organisation des soins de santé est aussi une affaire
géographe et pas seulement de médecine, encore moins de technocrates aveugles
aux réalités locales. »[49]

---

[46] Préface de Jean-Louis GUIGOU dans VIGNERON E. (2001)
[47] PENCHANSKY R., THOMAS J. W. (1981)
[48] VIGNERON E. (2001)
[49] *Ibid.*

2. *Diverses difficultés d'accès aux soins selon les pays*

L'objectif de cette partie est d'observer comment est abordée la question de l'accès dans les systèmes de soins des pays étrangers et quelles sont les principales difficultés des pays pour favoriser l'accès aux soins pour tous.

a. L'organisation des soins à l'étranger et en France : soins primaires et médecine libérale

Utilisée principalement dans la littérature internationale, l'expression « soins primaires » (*primary care*), a été promue lors de la conférence d'Alma-Ata organisée par l'Organisation Mondiale de la Santé (OMS) en 1978 et réaffirmée en 2008 dans son rapport annuel[50]. Cette première conception suppose la capacité des soins primaires à assurer un éventail large d'activités associant la délivrance des soins, les actions de santé publique ciblées sur des populations et même l'ensemble des politiques contribuant à améliorer la santé[51]. Mais l'usage le plus fréquent de l'expression est plus limitatif et correspond à une définition plus opérationnelle. Les soins primaires désignent, dans ce cas, des missions assurées par les professionnels de santé en soins ambulatoires[52]. Les médecins généralistes sont les acteurs majeurs des soins primaires bien que d'autres professionnels, tels que les infirmiers ou les kinésithérapeutes peuvent également y être impliqués. Dans le cas d'une définition large ou opérationnelle, les soins primaires renvoient à la volonté de justice sociale visant à garantir l'accès de tous à des soins de base.

---

[50] OMS (2008)

[51] BOURGUEIL Y., MAREK A., MOUSQUES J. (2009)

[52] BLOY G., SCHWEYER F-X. (dir.) (2010)

29

En France, les termes de « soins primaires » ou de « soins de premiers recours » suscitent de nombreux débats. Malgré l'utilisation de ces expressions dans les discours du Président de la République Nicolas Sarkozy et dans la loi HPST, ces expressions ne sont pas reconnues et validées par tous. En effet, pour certains médecins les soins de premiers recours renvoient à l'existence d'une filière de soins dans laquelle le parcours du patient dans le système de santé est fléché. Or, contrairement au système de soins du Royaume-Uni, par exemple, où le processus d'obtention des soins commence obligatoirement par les *gate-keepers*, les français peuvent choisir d'accéder aux services libéraux de leurs choix. A cet égard, la France ne dispose pas d'un système de santé de premier recours, ni de filières de soins fléchées comme dans certains pays. Il alors préférable de parler de médecine libérale pour laquelle le patient est libre de choisir son médecin, le médecin est libre de choisir sa prescription et le paiement est à l'acte.

Un autre élément pour lequel la France se distingue des pays étrangers pour l'organisation des soins est la question de la proximité. En effet, le principal axe directeur de l'organisation du système de soins est celui de la proximité qui constitue un élément essentiel de réflexion pour les politiques publiques de planification concernant la santé, la police, la justice, le commerce, etc. Sa valeur symbolique renvoie à l'idée que « *le plus proche est le mieux* »[53]. Mais cette conception semble être une exception française. Bien que la quasi-totalité des études portant sur l'accessibilité géographique soit anglo-saxonne, la notion de proximité n'apparait pas explicitement dans les politiques publiques des pays étrangers. Néanmoins, la volonté de maintenir égalité et qualité des soins peut être

---

[53] LUCAS-GABRIELLI V., NABET N., TONNELIER F. (2001a)

considérée comme la traduction institutionnelle de la gestion des soins de proximité[54].

b. Les principales difficultés de l'accès aux soins aux Etats-Unis et au Royaume-Uni

Afin d'illustrer le concept d'accès, nous allons observer les systèmes de santé de deux pays, les Etats-Unis et le Royaume-Uni, afin d'examiner les principales difficultés de la population pour l'accès aux soins et les solutions mises en place pour y remédier. Si en France, la question de l'accès aux soins se pose essentiellement en termes de proximité géographique, à l'étranger les problèmes d'accès relèvent d'autres dimensions. Par exemple, aux Etats-Unis, les difficultés sont essentiellement financières ; en Grande-Bretagne, au Danemark ou en Suède, l'accessibilité temporelle est remise en cause avec des délais d'attente trop importants ; au Québec, la dimension organisationnelle constitue un problème avec le système des soins ambulatoires[55].

Plus précisément, aux États-Unis où la dimension financière est la première contrainte pour l'accès aux soins, le système de santé se différencie du système français par l'absence d'un système national d'assurance maladie obligatoire et par la prédominance des acteurs privés[56]. Malgré les 14% du Produit Intérieur Brut (PIB) consacrés à la santé[57], 60 % des Américains sont couverts par une assurance

---

[54] LUCAS-GABRIELLI V., NABET N., TONNELIER F. (2001b)

[55] LUCAS-GABRIELLI V., NABET N., TONNELIER F. (2001a)

[56] CHAMBARETAUD S., LEQUET-SLAMA D., RODWIN V. G. (2001)

[57] Selon l'OMS : www.who.int/countries/usa/fr

31

privée de santé dont 70% par l'intermédiaire de leur employeur[58]. Les assurances publiques concernent les personnes âgées de plus de 65 ans ou les personnes handicapées dans l'incapacité de travailler (programme *Medicare*) et certaines familles pauvres, ainsi que des enfants (programmes *Medicaid* et *SCHIP*). Selon le service en charge du recensement américain, le *Census Bureau*[59], 46,3 millions de personnes ne bénéficiaient d'aucune couverture maladie en 2008, soit 15,4 % de la population âgée de moins de 65 ans. Ce chiffre, qui n'était que de 44 millions en 2007, est en forte augmentation en raison de la crise économique et de la montée du chômage. Dans son ambitieuse réforme, le président Barack Obama souhaite étendre la couverture maladie aux 31 millions d'Américains qui en sont dépourvus et couvrir environ 95 % des moins de 65 ans.

Ainsi, l'absence de couverture maladie diminue l'accès aux soins mais aussi l'état de santé. Un adulte non assuré sur cinq renoncerait à se faire soigner alors même qu'il pense présenter des symptômes sérieux et 30% des adultes n'achèteraient pas les médicaments qui leur ont été prescrits ou n'effectueraient pas les examens nécessaires en raison de contraintes financières[60]. Par ailleurs, de fortes disparités d'accès aux services de santé sont observées entre populations « blanches » et « noires », entre les diverses nationalités et selon la catégorie socioéconomique du patient[61].

---

[58] COHU S., LEQUET-SLAMA D. (2007)
[59] www.census.gov/hhes/www/hlthins/hlthins.html
[60] CHAMBARETAUD S., LEQUET-SLAMA D., RODWIN V. G. (2001)
[61] COHU S., LEQUET-SLAMA D. (2007)

Analysons à présent, comment les pouvoirs publics au Royaume-Uni ont su améliorer l'accessibilité temporelle qui constitue le problème majeur pour l'accès aux soins. Créé en 1948, le *National Health Service* (NHS) a été le premier modèle en Europe à promouvoir un accès universel aux soins. Ce système fondateur est un service public de santé financé en majeure partie par l'impôt et permet un accès aux soins gratuit. En 2007, environ 11,5 % de la population possédait un contrat privé de complémentaire maladie notamment pour financer les services hospitaliers spécialisés et éviter de longs délais d'attente en secteur hospitalier pour les interventions non urgentes[62]. Mais grâce à la nouvelle réforme du gouvernement travailliste, votée en 2000, qui augmente fortement les dépenses de santé de 10 % par an entre 2001 et 2008, les pouvoirs publics ont souhaité favoriser l'accès aux soins en permettant de consulter un médecin généraliste ou un autre professionnel de santé dans des délais plus rapides et de multiplier les points d'accès aux soins primaires. Depuis 2000, les 43 NHS *walk-in* centres créés proposent des consultations sans rendez-vous, accessibles tous les jours de la semaine et le weekend de sept heures à vingt-deux heures dans des endroits fréquentés tels que les centres commerciaux ou les stations de métro[63].

Le Royaume-Uni dispose d'un système très développé de soins primaires dans lequel les médecins généralistes sont la porte d'entrée (*gate-keepers*) du système de soins et ont à ce titre, un rôle très important. Ainsi, plus de 99% de la population est enregistrée par le médecin généraliste de leur choix (sur une aire géographique donnée) qui est accessible dans les vingt-quatre heures et offre un éventail de

---

[62] BOURGUEIL Y., MAREK A., MOUSQUES J. (2007)
[63] *Ibid.*

services de soins primaires, à la fois préventif, diagnostique et curatif[64]. Concernant l'accessibilité géographique, une enquête effectuée en 1992 s'est intéressée à la facilité (ou difficulté) d'accès au cabinet du généraliste[65]. Les résultats indiquent que 66% des adultes considèrent que l'accès est très facile, 27% assez facile et 4% répondent qu'il est assez difficile et 2% très difficile. Parmi ces 6% de personnes pensant que l'accès est difficile, les raisons invoquées sont d'une part la distance, 50% des personnes pensent que leur médecin est trop loin, et d'autre part les transports, 25% signalent le manque transports publics.

Par ailleurs, la définition du concept d'accès est une étape importante pour l'étude d'autres concepts, notamment celui de la qualité des soins. Dans leur article *Defining quality of care*[66], les auteurs mettent en évidence l'aspect multidimensionnel de la qualité des soins qui repose sur deux concepts fondamentaux : l'accès et l'efficacité. Dans ce contexte, leur définition permet l'analyse des indicateurs de performance choisis dans les différents systèmes de santé et de distinguer ainsi les priorités des politiques sanitaires.

Ainsi, la proximité est un axe directeur de l'organisation du système de soins français, bien que les pouvoirs publics aient également souhaité renforcer l'accessibilité financière en votant en 1999, la Couverture Maladie Universelle (CMU). Mais l'analyse des systèmes de soins étrangers montre que la question de l'accès aux soins primaires (*primary care*) demeure une préoccupation commune.

---

[64] *Ibid.*

[65] Health education authority (1992), « *Health and Lifestyle Survey 1992* » cité dans : LUCAS-GABRIELLI V., NABET N., TONNELIER F. (2001b)

[66] CAMPBELL S. M., ROLAND M.O., BUETOW S. A. (2000)

Ces études mettent en évidence la diversité des obstacles qui existent pour la délivrance des soins, il est donc nécessaire de préciser le concept d'accès afin de tenir compte de toutes ces dimensions dans le processus d'obtention des soins.

3. *Les principales conceptualisations de l'accès aux soins*

« *L'égal accès à des soins de qualité* » est rappelé dans l'article premier de la nouvelle loi Hôpital Santé Patients et Territoire[67]. Mais quelles exigences entend-on par « l'égal accès aux soins » ? Pour répondre à cette question, il est nécessaire de discuter de la définition des concepts d'accès et d'accessibilité spatiale. A cet égard, plusieurs théories ont été proposées pour étudier ces concepts et évaluer dans quelles mesures les systèmes de santé ont garanti l'accès aux soins pour tous. Analysons plus précisément les deux principales théories de l'accès aux soins proposées par R. M. Andersen et R. Penchansky.

a. L'accès selon R. M. Andersen : un modèle comportemental de l'utilisation des services de santé

La théorie de l'accès la plus importante et la plus souvent citée est le « modèle comportemental de l'utilisation des services de santé »[68] de R. M. Andersen. Les auteurs L. A. Aday et R. M. Andersen[69] observent qu'il existe deux principales manières d'aborder le concept d'accès dans la littérature. Pour certains, l'accès dépend des caractéristiques de la population (les revenus du foyer, l'assurance

---

[67] Texte de loi Hôpital Patients Santé Territoires : www.legifrance.gouv.fr
[68] Behavioral Model of Health Services Use
[69] ADAY L.A., ANDERSEN R.M. (1974)

médicale, l'attitude concernant les soins) ou du système de soins (la distribution et l'organisation des professionnels de santé et des établissements). Pour d'autres, une analyse des individus à travers leur utilisation ou leur satisfaction du système de soins permettrait une meilleure évaluation de l'accès.

Dans la définition de leur concept, les auteurs ont alors identifié cinq dimensions constituant leur cadre d'étude pour le concept d'accès : la politique de santé, les caractéristiques du système de soins, les caractéristiques de la population à risques, l'utilisation du système de santé et la satisfaction des consommateurs. Les politiques de santé influencent les caractéristiques de la population et du système de santé, qui à leur tour, influencent l'utilisation du système de santé et la satisfaction des consommateurs. Néanmoins, ce modèle linéaire ne considère pas, en retour, l'influence de l'utilisation du système de santé et la satisfaction des consommateurs sur le reste du système, c'est-à-dire, sur les politiques de santé et les caractéristiques de la population et du système de soins. Mais plus de vingt ans plus tard, R. M. Andersen[70] a affiné son concept et son modèle a gagné en complexité en ajoutant de nouvelles dimensions mais aussi des boucles de rétroactions entre les comportements des individus en matière sanitaire ainsi que l'évaluation des consommateurs sur le reste du système. Ainsi, les caractéristiques de la population (*Predisposing Characteristics*), du système de soins (*Enabling Resources*) et les besoins (*Need*) sont au cœur du concept d'accès (voir Figure 2, page 37).

---

[70] ANDERSEN R.M. (1995)

36

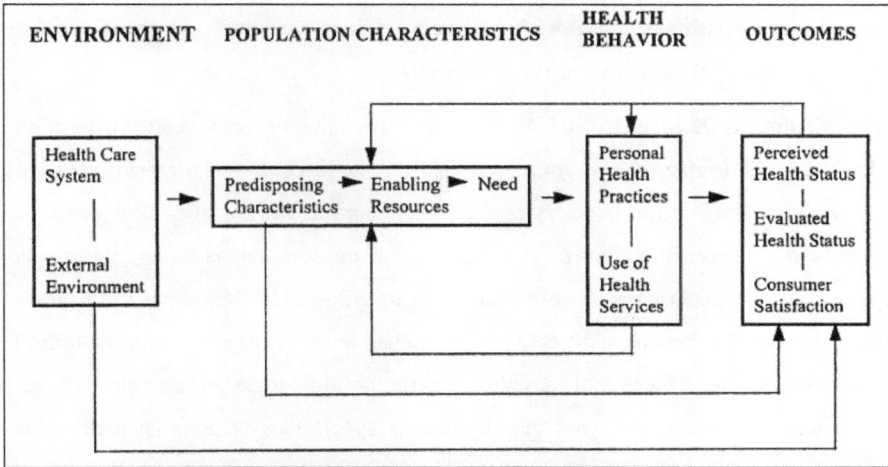

Figure 2 : Le concept d'accès aux soins selon Andersen R. M. (1995)

Ce modèle constitue un outil d'analyse pour identifier et tester les relations causales entre l'accès et les facteurs des individus et du système de soins. L'auteur distingue l'accès potentiel, lié à l'offre de services disponibles, de l'accès effectif lié à l'utilisation réelle de ces services. En ce sens, l'accès se définit alors en fonction de dimensions correspondant à l'entrée potentielle et réelle d'une population dans le système de santé.

37

b. L'accès selon R. Penchansky : un degré d'adéquation entre les caractéristiques des professionnels et des services de santé et les caractéristiques et les attentes des clients

Par ailleurs, R. Penchansky et J. W. Thomas[71] souhaitent préciser cette conception de l'accès. Leur approche se concentre sur l'interaction entre les éléments clés qui déterminent l'utilisation des services[72]. Ces auteurs observent que, pour certains, l'accès fait référence à l'entrée et à l'utilisation du système de soins, tandis que pour d'autre, l'accès caractérise les facteurs qui influencent l'entrée et l'utilisation du système. R. Penchansky et J. W. Thomas proposent alors une définition taxonomique de l'accès qui désagrège cette notion vague et ambiguë en un ensemble de dimensions ayant des définitions spécifiques et pour lesquelles des mesures opérationnelles pourraient être développées. Pour ces auteurs, l'accès est un concept général qui résume un ensemble de dimensions plus spécifiques correspondant à l'adéquation entre les caractéristiques des professionnels et des services de santé et les caractéristiques et les attentes des clients. Le degré d'adéquation définissant l'accès se mesure à travers cinq dimensions : la disponibilité (*availability*), l'accessibilité (accessibility), la commodité (*accommodation*), la capacité financière (*affordability*) et l'acceptabilité (*acceptability*).

La **disponibilité** (*availability*) correspond au rapport entre l'offre et la demande, c'est la relation entre le volume et le type de services existants et le volume de la clientèle et de ses besoins. Cette dimension comprend trois notions relatives à la

---

[71] PENCHANSKY R., THOMAS J. W. (1981)
[72] RICKETTS T. C., GOLDSMITH L. J. (2005)

38

capacité réelle à produire un service : la présence physique, la disponibilité temporelle et la fourniture de prestations adaptées en volume et en nature des besoins. La qualité des soins est également un élément important pour garantir l'efficacité thérapeutique des services de santé.

L'**accessibilité** (accessibility) est définie comme une mesure de la proximité à travers la relation entre la localisation des services et celle des patients en tenant compte de la mobilité des patients, de la durée, de la distance et du coût du trajet. Cette dimension est celle qui intéresse le plus les géographes. En effet, elle repose essentiellement sur l'analyse de l'intensité des interactions entre les services de santé et les patients potentiels en fonction de la distance qui les sépare. Cependant, le choix du critère de proximité doit se faire avec attention puisque, selon les circonstances, les distances-temps ou distances-coûts sont plus pertinentes pour représenter un phénomène spatial vécu.

La **commodité** (*accommodation*) est la manière dont les ressources sanitaires sont organisées pour accueillir le patient et la capacité de celui-ci à s'adapter à cette offre. Cela concerne les jours et les heures d'ouverture des services de santé, la présence régulière d'un professionnel de santé, le temps d'attente, le système de paiement, la prise en charge des urgences, le système de référence, etc. A cet égard, la présence d'un standard téléphonique opérationnel tout au long de la journée pour prendre des rendez-vous, fournir des renseignements ou des conseils, est un élément important, notamment pour les services d'urgence.

La **capacité financière** (*affordability*) est la relation entre le prix des prestations et la capacité du patient (ou de la famille ou de son assurance) à payer (ou emprunter, ou recevoir une aide de son entourage). La perception des clients de la valeur relative du coût total, leur connaissance des prix, le coût total et, éventuellement, les modalités de crédit sont des éléments importants de la capacité financière. Par exemple, dans les pays en développement, l'introduction d'un paiement ou d'une rapide hausse des tarifs se répercutent souvent sur les choix thérapeutiques, notamment si ce changement n'est pas accompagné d'une amélioration de la qualité des soins.

Enfin, l'**acceptabilité** (*acceptability*) est la relation entre les caractéristiques (âge, sexe, ethnie, religion, localisation, etc.) et les attitudes des patients et celles du personnel et des structures de santé (âge, sexe, ethnie, religion, attitude, moyen de paiement, lieu et type d'installation). Cette dimension fait ainsi référence à la capacité du prestataire de services et du patient à surmonter des barrières sociales et culturelles empêchant ou altérant le contact entre eux. L'acceptabilité confronte également les attentes réciproques des uns et des autres et renvoie notamment aux notions de qualité de l'accueil et d'efficacité thérapeutique.

Ces cinq dimensions (voir Figure 3, page 42) sont étroitement liées et constituent des phénomènes difficiles à dissocier. Par exemple, disponibilité et accessibilité sont indissociables dans les zones où les patients doivent parcourir de longues distances pour parvenir à un professionnel de santé. De même dans les espaces de fortes densités démographiques, les services de soins peuvent être accessibles, mais trop peu nombreux pour permettre une disponibilité raisonnable. De plus, la disponibilité affecte et est affectée par la commodité, la capacité financière et l'acceptabilité. Cette définition constitue donc un premier élément de réflexion concernant la détermination d'objectifs à fixer pour l'amélioration des politiques d'accès aux services, notamment dans le domaine sanitaire.

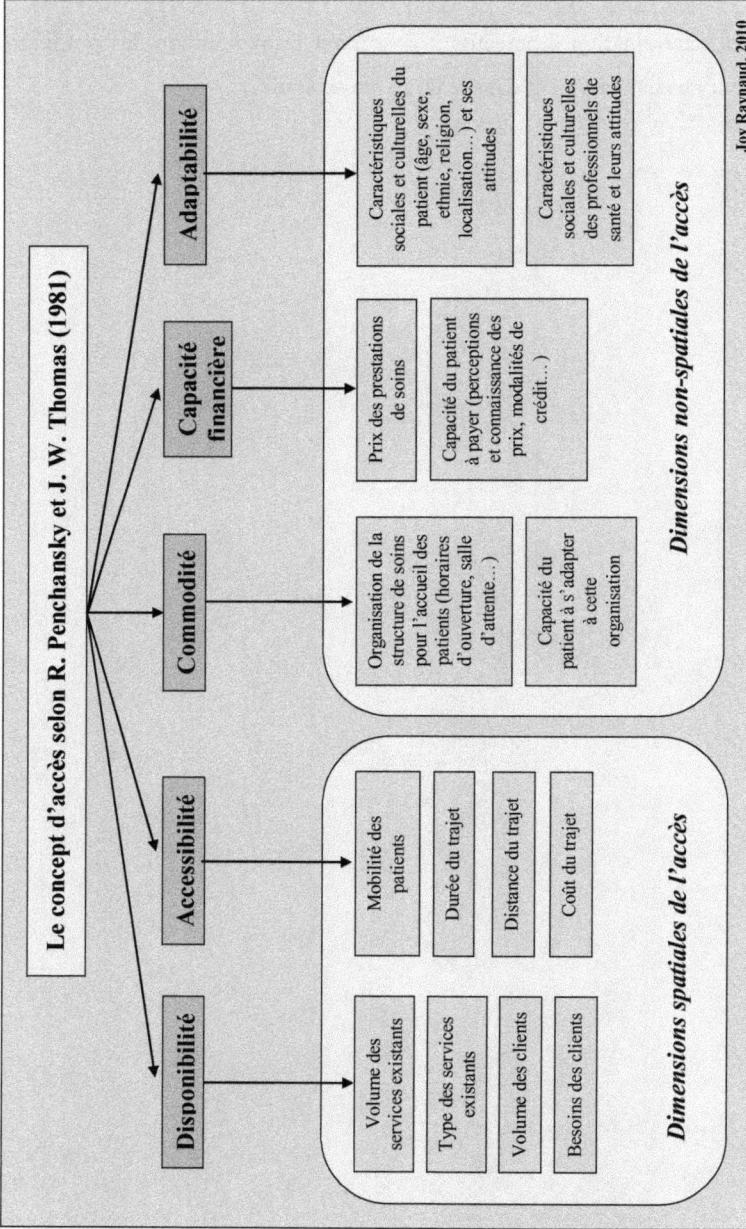

Le concept d'accès selon R. Penchansky et J. W. Thomas (1981)

| Disponibilité | Accessibilité | Commodité | Capacité financière | Adaptabilité |

Disponibilité
- Volume des services existants
- Type des services existants
- Volume des clients
- Besoins des clients

Accessibilité
- Mobilité des patients
- Durée du trajet
- Distance du trajet
- Coût du trajet

Dimensions spatiales de l'accès

Commodité
- Organisation de la structure de soins pour l'accueil des patients (horaires d'ouverture, salle d'attente…)
- Capacité du patient à s'adapter à cette organisation

Capacité financière
- Prix des prestations de soins
- Capacité du patient à payer (perceptions et connaissance des prix, modalités de crédit…)

Adaptabilité
- Caractéristiques sociales et culturelles du patient (âge, sexe, ethnie, religion, localisation…) et ses attitudes
- Caractéristiques sociales et culturelles des professionnels de santé et leurs attitudes

Dimensions non-spatiales de l'accès

Joy Raynaud, 2010

Figure 3 : Les dimensions spatiales et non-spatiales du concept d'accès de R. PENCHANSKY et J. W. THOMAS (1981) selon M. F. GUAGLIARDO (2004)

42

c. L'intégration du concept d'accès dans le processus d'obtention des soins

Comme nous venons de le voir, R. M. Andersen ainsi que R. Penchansky et J. W. Thomas ont mis en évidence des éléments essentiels dans les processus de délivrance des soins. Dans son système (voir Figure 2 page 37), R. M. Andersen, démontre l'existence de connections entre l'environnement (système de santé) et les caractéristiques de la population (prédispositions de la population, caractéristiques des services de soins et besoins des individus). Ces éléments agissent sur le comportement de santé (utilisation des services de soins) et sur les résultats du processus de soins (satisfaction et perceptions des patients), qui à leur tour, vont influencer le comportement de santé et les caractéristiques de la population. Par ailleurs, pour R. Penchansky et J. W. Thomas, l'accès est un concept général qui résume un ensemble de dimensions (disponibilité, accessibilité, commodité, capacité financière et acceptabilité) correspondant à l'adéquation entre les caractéristiques des professionnels et des services de santé et les caractéristiques et les attentes des clients.

Néanmoins certaines dimensions nécessitent d'être affinées pour intégrer ces deux conceptualisations. Dans le modèle de R. M. Andersen, il serait intéressant de préciser la description des étapes afin d'identifier les obstacles de l'accès aux soins. Par exemple, une boucle de rétroaction pourrait être ajoutée entre la satisfaction et les perceptions des patients (*outcomes*) sur le système de santé au sens politique (*environment*). Concernant R. Penchansky et J. W. Thomas, les cinq dimensions du concept d'accès ne sont pas intégrées dans un processus d'obtention des soins étant donné qu'aucune dimension n'est prioritaire.

A cet égard, J. Frenk[73] précise le rôle de la disponibilité et de l'accessibilité dans le processus d'obtention des soins. Selon l'auteur, l'accès correspond à l'interface entre les besoins et la délivrance de soins. Cette interface comprend une série de domaines. L'accessibilité (*Narrow domain*) décrit la capacité d'une population à recevoir des soins lorsqu'ils sont nécessaires et souhaités. La disponibilité (*Intermediate domain*) renvoie à l'existence de services de soins tout en tenant compte de leur productivité ou leur capacité à produire des services de soins. Enfin, l'accès (*Broad domain*) est synonyme d'utilisation potentielle des services de soins, c'est la capacité des individus à obtenir des soins dans le cas où ils en ont besoin et ils le veulent, contrairement à l'accessibilité qui est la mesure pour laquelle les besoins d'une personne sont satisfaits en recevant effectivement des soins. En poursuivant le travail de R. Penchansky et J. W Thomas, J. Frenk démontre également que l'accès est une relation fonctionnelle entre des indicateurs de résistance (les obstacles) et l'utilisation potentielle des services de soins, c'est-à-dire les capacités de la population à surmonter ces obstacles[74]. Selon J. Frenk, la différence entre l'accessibilité et la disponibilité est liée aux indicateurs de résistance qui apparaissent entre la recherche et l'obtention des soins (voir

, page 44).

Catégorie d'obstacles	Indicateurs de résistance	Utilisation potentielle
Ecologique	Temps de transport au producteur	Ressources de transport
Financier	Prix	Revenu
Organisationnelle (à l'entrée)	Listes d'attentes	« Tolérance » au délai d'attente
Organisationnelle (dans l'établissement)	Attente pour voir un médecin	Temps libre

Source : Frenk (1985)

Figure 4 : Les obstacles de l'accès aux soins selon J. FRENK. Source : FRENK J. (1995), in LUCAS-GABRIELLI V., NABET N., TONNELIER F. (2001b)

---

[73] FRENK J. (1992)

[74] FRENK J. (1985) cité dans LUCAS-GABRIELLI V., NABET N., TONNELIER F. (2001b)

44

Les catégories d'obstacles mentionnées dans le tableau ci-dessus s'observent dans différents système de santé selon les pays[75]. Les obstacles géographiques sont présents dans les pays comportant des espaces de faible densité démographique telles que des zones rurales isolées dans lesquelles de grandes distances doivent être franchies pour accéder aux soins. L'obstacle financier, constaté notamment aux Etats-Unis, est présent dans les pays où une partie de la population n'est pas couverte par une assurance maladie ou s'il existe un ticket modérateur dissuasif, dans ce cas, le coup des soins peut être supérieur au coût du transport. De même, comme nous l'avons vu précédemment, les obstacles peuvent être d'ordre temporel avec de longs délais d'attente pour des opérations courantes comme c'est le cas au Royaume-Uni.

Proposons à présent une synthèse de l'analyse de cette bataille conceptuelle, dans laquelle l'ensemble des auteurs utilisent un vocabulaire différent mais avec certaines équivalences dans leurs définitions ou inversement, un vocabulaire identique aux définitions plurielles. Cette synthèse est illustrée sous la forme d'un schéma (voir Figure 5, page 49).

La **gestion** du système de santé relève des compétences des décideurs politiques. Relevant d'une conception morale et éthique, le **système de santé** correspond à la charge de l'organisation règlementaire des services de santé et à la protection sociale[76]. Il a pour objectif de répondre aux **besoins de santé**. Comme le souligne H. Picheral[77], cette notion est ambigüe du fait de son double caractère, physiologique et psychologique, objectif et subjectif. Les besoins expriment

---

[75] LUCAS-GABRIELLI V., NABET N., TONNELIER F. (2001b)

[76] PICHERAL H. (2001)

[77] *Ibid.*

d'une part, des carences effectives, un manque ou un état nécessitant une intervention médicale (préventive ou curative) mais aussi la perception d'un malaise, un sentiment d'inadaptation ou d'insatisfaction. Ressentis ou exprimés, il en découle une **demande de soins**. La satisfaction des besoins de santé, individuels ou collectifs, reste un objectif théorique et irréaliste étant donné que leur émergence est fortement liée aux progrès scientifiques et technologiques, à l'amélioration des niveaux de vie et à l'augmentation du niveau culturelle.

L'étude des travaux de J. Frenk montre que les trois domaines situés à l'interface entre les besoins et la délivrance de soins sont l'accessibilité, la disponibilité et l'accès. Plus précisément, la **disponibilité** et l'**accessibilité** sont des **dimensions spatiales** de l'**accès** qui constituent les premiers obstacles auxquels sont confrontés les patients dans le processus de délivrance des soins. Dans un second temps, des obstacles appartenant à des **dimensions non-spatiales** de l'accès doivent être franchis par le patient, il s'agit de la **commodité**, de la **capacité financière** et de l'**adaptabilité**. La distinction entre les dimensions spatiales et non-spatiales de R. Penchansky et J. W Thomas est proposée par M. F. Guagliardo[78] (voir Figure 3 page 42). A l'issue du processus de **délivrance des soins**, il est nécessaire, comme le suggèrent T. C. Ricketts et L. J. Goldsmith[79], de tenir compte du temps, de l'expérience et de l'**adaptation des patients au système de santé**. En effet, selon ces auteurs, l'accès aux soins résulte d'un processus dynamique dans lequel les individus et les familles peuvent acquérir un nouveau comportement ou bien le modifier. Il également nécessaire de réaliser des enquêtes ou des entretiens pour analyser les **perceptions et la satisfaction de l'ensemble des acteurs de santé**, c'est-à-dire les patients, mais aussi les professionnels de santé et les pouvoirs publics.

---

[78] GUAGLIARDO M. F. (2004)
[79] RICKETTS T. C., GOLDSMITH L. J. (2005)

L'étude de ces aspects dynamiques de l'accès permettrait une meilleure compréhension et une amélioration du système de santé. S'ils reflètent les processus du monde réel, les modèles d'accès aux soins seront plus à même de mener vers de meilleures politiques de santé.

Ainsi la prise en compte de la perception et de la satisfaction des patients permet une **évaluation de la performance** par rapport aux objectifs fixés par les politiques de gestion du système de santé. A cet égard, A-P. Contandriopoulos[80] démontre que le concept de gouvernance est intrinsèquement lié à celui de performance. Apparu à la fin des années 70, le concept de gouvernance se caractérise par une approche multiscalaire, tant sociale (diversité des acteurs) que spatiale (du local au global), et multisectorielle (approche par des politiques intégrées). Tenant compte des interactions entre les décisions prises et les résultats de l'action collective, la performance est une idée essentielle pour considérer l'aspect dynamique du concept de gouvernance. En ce sens, l'auteur définit la performance par la capacité du système à atteindre des buts, s'adapter, produire des services et maintenir et créer des valeurs et des normes. L'**analyse des indicateurs** d'accès aux soins favorise l'interaction entre les acteurs de terrain et l'amélioration de la performance du système de santé dans sa globalité. Ainsi, l'intégration de ces indicateurs de performance à la gestion du système permet de réorienter les prises de décision, ce qui constitue un objectif de la bonne gouvernance.

En conclusion, le processus d'obtention des soins peut être modélisé sous la forme d'un système dynamique qui correspond à une synthèse de la bataille conceptuelle de l'accès (voir Figure 5, page 49). Ce modèle s'inscrit à chaque échelle territoriale qui présente une compétence de gestion en matière sanitaire,

---

[80] CONTANDRIOPOULOS A-P. (2008)

on assiste alors à un emboitement des processus d'obtention des soins à différentes échelles, du local au global. L'analyse de l'ensemble de ce processus permet l'évaluation de la performance du système en fonction d'indicateurs et donc l'amélioration des mesures de gestion du système de santé.

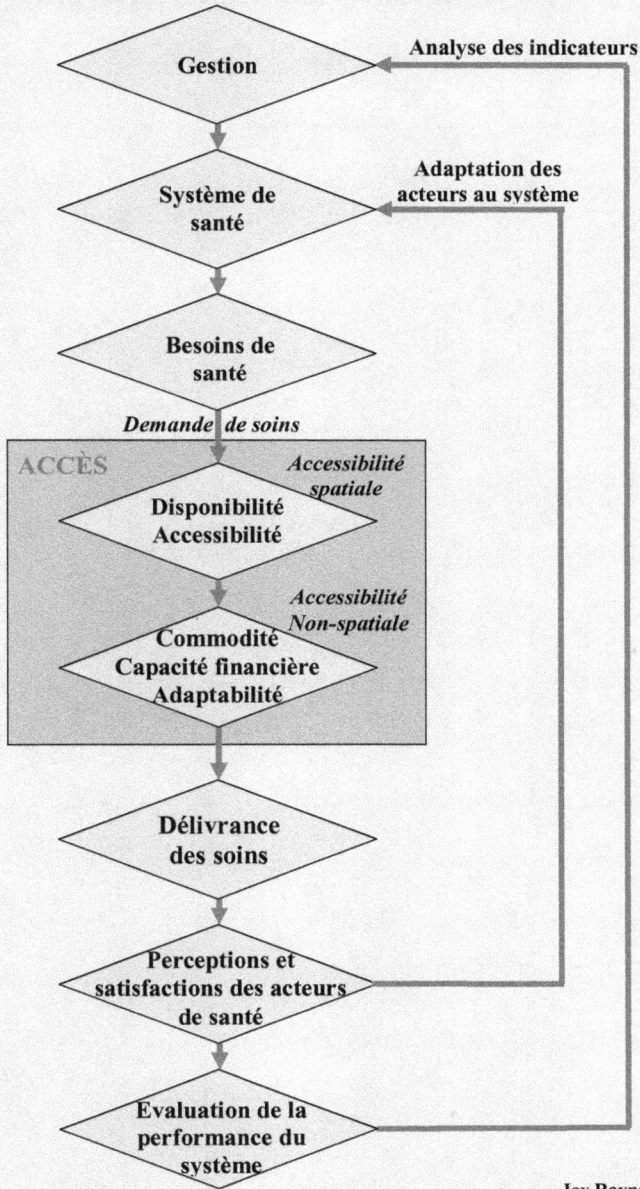

LA DYNAMIQUE DU PROCESSUS D'OBTENTION

Gestion

Analyse des indicateurs

Système de santé

Adaptation des acteurs au système

Besoins de santé

Demande de soins

ACCÈS

Accessibilité spatiale

Disponibilité Accessibilité

Accessibilité Non-spatiale

Commodité Capacité financière Adaptabilité

Délivrance des soins

Perceptions et satisfactions des acteurs de santé

Evaluation de la performance du système

Joy Raynaud, 2010

Figure 5 : Le modèle dynamique du processus d'obtention des soins

49

50

II. Que signifie mesurer l'accessibilité spatiale ?

La création d'un cadre conceptuel synthétique du processus d'obtention des soins, reposant sur l'analyse de l'état de la littérature permet à présent de s'interroger sur la mesure et la représentation cartographique de l'accessibilité spatiale. Or, la complexité des dimensions de l'accès et de leurs interactions ne permet pas de mesurer de l'accessibilité spatiale réelle. Afin d'estimer l'accessibilité spatiale, nous montrerons l'importance de la modélisation en sciences humaines reposant sur la formulation d'hypothèses. L'étude des modèles nous permettra d'analyser rigoureusement la capacité d'un indicateur à représenter l'accessibilité spatiale. Nous proposerons alors une démarche d'évaluation et d'amélioration des modèles de l'accessibilité spatiale dans une dynamique opérationnelle en aménagement du territoire.

1. *La modélisation en géographie : une étape essentielle pour mieux appréhender la complexité du réel*

a. Du concept au modèle : un langage pour décrire le monde

Dans les années 60 et 70, les concepts de modèles et de modélisation ont constitué un tournant épistémologique majeur en géographie. Cette nouvelle géographie, apparue dans le monde anglo-saxon dès les années 50, se démarque de la géographie régionale classique d'inspiration vidalienne à la démarche idiographique, au caractère empirique et à l'expression souvent qualitative et descriptive[81]. F. Moriconi-Ebrard propose deux définitions du modèle[82]. Au sens des sciences mathématiques, un modèle est une structure logique permettant de

---

[81] STASZAK J-F., *New Geography*, in LEVY J., LUSSAULT M. (dir.) (2003)
[82] MORICONI-EBRARD F., *Modèle*, in LEVY J., LUSSAULT M. (dir.) (2003)

rendre compte d'un ensemble de processus ayant entre eux certaines relations. Au sens des sciences sociales, il correspond à un schéma simplifié et symbolique permettant de rendre compte d'une réalité quelconque. Ces deux définitions se rejoignent en deux points : le modèle se situe dans le registre des représentations et non dans le monde du réel et cette représentation doit être épurée de toute subjectivité. En effet, tandis que le langage des mathématiques est dépourvu d'affect et donc de subjectivité, les sciences sociales limitent la subjectivité du modèle en élaborant des représentations simplifiées. Selon l'auteur, « *le modèle décrit un monde « extérieur » à l'homme (en tant que sujet regardant le monde) tout en affirmant qu'il n'est qu'une représentation propre au mode d'appréhension « intérieur » à l'homme : le langage* ».

Selon P. Langlois et D. Reguer[83], « *Rien n'est totalement modélisable, mais rien n'est totalement non modélisable* ». Le problème de la « vérité » d'un modèle mathématique, définie comme équivalence parfaite entre le modèle et la réalité qu'il représente, est un faux problème : mieux vaut définir ses caractéristiques, ses qualités de correspondance avec le réel grâce à l'observation et par rapport aux objectifs et à la problématique posés. Pour ces auteurs, cela s'exprime en termes de classe de modèle (modèle qualitatif, quantitatif, probabiliste, etc.), de précision, de domaine de validité (dans le temps et dans l'espace).

Ainsi, N. Mathieu[84] précise que l'intérêt pour la quantification, le modèle et la modélisation correspond au goût et au besoin de la mesure pour identifier les faits et processus géographiques, afin de tester les hypothèses permettant de les comprendre. C'est également ce que souligne R. Brunet dans son article, « *Des*

---

[83] LANGLOIS P., REGUER D. (2005)
[84] MATHIEU N. (2005)

modèles en géographie ? Sens d'une recherche »[85], *« la pratique et la théorie nous l'apprennent : le « pourquoi » ne peut se saisir sans modèles, il a besoin de références, et à la réflexion comme à l'expérience, il en va de même de l'ainsi ».* Pour étayer son argumentation en faveur de la modélisation, l'auteur commente les principaux reproches adressés aux modèles. A la critique, *« Modéliser c'est simplifier et la simplification est une perte d'information »*, R. Brunet répond qu'il est nécessaire de faire une distinction entre le fondamental et l'accessoire, ce qui constitue un effort. Ne pas confondre l'information et le bruit est l'art d'aller à l'essentiel. Inversement, certains modèles sont si compliqués qu'ils sont illisibles, ce qui est la négation même de l'idée de modèle. A ceux qui pensent que *« la singularité de chaque lieu, de chaque objet géographique, interdit toute généralisation »*, R. Brunet répond sans détour que *« cette affirmation d'apparence intégriste n'est rien d'autre qu'une ânerie, car elle peut être énoncée à tout propos et pour toute science, et aucune connaissance n'eût été possible si elle avait été suivie ».* Ainsi, *« toute description a besoin de modèles, sans quoi elle n'exprime rien ».* Par ailleurs, certains pensent que les modélisateurs sont dangereux à travers leur volonté de prédire et d'appliquer leurs prédictions en forçant la réalité à obéir à leur modèle. Pour l'auteur, *« cet argument relève du simple procès d'intention, et a son aspect comique en ce qu'il prête aux géographes des pouvoirs qu'ils n'ont jamais eus ».* En revanche, R. Brunet indique que la seule critique qu'il est possible de faire à certaines modélisations *« réside dans le caractère strictement formel de certains modèles, dans un oubli éventuel des processus de société. Une ambition de vouloir mesurer et calculer à tout prix a poussé à des dérives économicistes ou de simple technique de calcul ».* Mais il conclut en précisant que ce n'est pas la modélisation qui est en cause, mais davantage sa pratique, *« de façon purement technique »*, le fait d'utiliser l'outil pour lui-même. En ce sens, il préconise de

---

[85] BRUNET R. (2000)

« *mieux fonder la modélisation géographique, sinon à la refonder, sur les logiques de production de l'espace; notamment en travaillant sur les modèles qui expriment le mieux l'organisation et la différenciation de l'espace géographique* ».

Un autre élément, également très important dans le processus de modélisation, est rappelé par T. Saint-Guérand[86]. Pour l'auteur, il est essentiel de réaliser la modélisation conceptuelle d'un phénomène avant de traiter les indicateurs puisque seule une analyse du problème dans son ensemble permet la définition d'indicateurs adaptés. Sans exclure les autres formes de modélisations plus mathématiques (statistiques, géostatistiques) ou graphiques (cartographie), la modélisation conceptuelle éclaire leur mise en œuvre. A cet égard, une structure de données bien construite évite de charger à l'excès des formules de calcul au risque d'obtenir une interprétation difficile des résultats. Cette précaution est également soulignée P. Langlois et D. Reguer[87], « *un modèle est toujours précédé et suivi d'une démarche scientifique complexe, aussi bien en amont depuis la réflexion sur le choix des données, sur les instruments (physiques, institutionnels ou méthodologiques) permettant la collecte ou l'observation, l'organisation, la structuration, la numérisation des données, jusqu'à la mise en forme finale des entrées du modèle. De même, en aval de la modélisation, il faut définir des formes de sélection et d'observation des résultats du modèle. Il faut aussi traduire les résultats dans le cadre d'une interprétation théorique* ». Ainsi, toutes ces étapes contiennent des formes de modélisation et les auteurs vont plus loin en précisant que les différentes sources de données pour la réalisation de cartes sont déjà des formes d'abstraction de la réalité. En effet, le recensement de la population qui constitue des bases de données ou la télédétection qui donne

---

[86] SAINT-GERAND T. (2005)
[87] LANGLOIS P., REGUER D. (2005)

des images après des traitements complexes de photos satellites, correspondent à des modèles et la carte qui en résulte, est elle-même un modèle résultant des précédents.

Si l'on s'intéresse au cas plus spécifique de la modélisation en géographie de la santé, A. Vaguet[88] identifie deux questions essentielles pour lesquelles diverses modélisations tentent d'y répondre. Tout d'abord, les inégalités relevées sur les cartes, telles que les inégalités de santé, sont-elles conditionnées par les lieux eux-mêmes, dans un effet contextuel, ou par des groupes sociaux et spatiaux dans un effet de composition ? Puis, quels que soient leurs lieux de vie, les mêmes gens auraient-ils la même expérience à l'égard de leur santé ? Les réponses à ces questions constituent des éléments importants pour l'élaboration des politiques sanitaires en vue de réduire les inégalités de santé. Pour approcher la complexité de l'organisation spatiale, la modélisation permet de mieux comprendre les principaux champs théoriques de la géographie de la santé. A cet égard, la définition de la santé s'est progressivement élargie. Il y a tout d'abord eu la géographie médicale, centrée sur les pathologies puis celle des maladies et de l'offre de soins (conception naturaliste). La conception humaniste s'est ensuite intéressée à la construction sociale et politique du champ sanitaire. Enfin, un basculement des problématiques a conduit les géographes à formaliser de nouveaux objets de recherche et donc de nouveaux modèles (paradigme post-médical).

A cet égard, A. Vaguet propose également un résumé des multiples types de modélisation en géographie de la santé. En insistant sur la présentation des modèles « positivistes » et « structuralistes », l'auteur illustre ces propos avec le cas bien étudié de l'offre de soins. Les modèles d'organisation « positivistes »

---

[88] VAGUET A. (2005)

sont les plus connus, ils reposent sur la friction de la distance qui influence la planification sanitaire. Ils s'appuient sur les distances et les volumes de populations pour effectuer un découpage en secteurs sanitaires afin de tendre vers un accès aux soins plus équitable sur les territoires tout en limitant les dépenses publiques. Ce point de vue renvoi à la centralité et à la concentration de l'offre de soins. La polarisation des populations observées dans les aires urbaines devrait tendre à facilité les dessertes. Or, dans les espaces à faibles densités démographiques, les services et les équipements de santé sont déficitaires, ce qui soulève de nombreux débats en aménagement du territoire entre proximité et concentration des soins. Mais comme nous l'avons détaillé précédemment, la distance physique n'est qu'un facteur parmi les déterminants de l'accès. Les modèles « positivistes » ne traduisent qu'une faible partie de cette réalité et oublient, par exemple, la distance sociale qui s'observe notamment par un déficit de professionnels de santé dans certains quartiers défavorisés. De même, en s'appuyant sur la science et la modernité, les modèles néo-positivistes visent l'amélioration de l'accès aux services de soins en optimisant la localisation des hôpitaux, des ambulances, etc.

Par ailleurs, les modèles « structuralistes » tiennent compte de diverses contraintes influençant les politiques de santé. Pour illustrer son propos, A. Vaguet oppose deux logiques d'implantation : celle des centres commerciaux qui optimisent leur localisation pour capter un maximum de clients et celle des établissements de soins qui cherchent pourtant à répondre aux besoins de santé de la population. En effet, on n'observe pas d'ajustement progressif de l'offre de soins dont la localisation dépend fortement de l'héritage du passé. Les structuralistes recherchent les causes des pathologies dans les systèmes politiques (colonialisme, libéralisme, impérialisme, etc.) et s'intéressent aux facteurs des inégalités sociales d'accès aux soins en dénonçant un

56

affaiblissement des investissements publics. Par ailleurs, les postmodernes dénigrent le modèle hospitalo-centré et dénoncent une volonté de régulation sociale par l'entremise des discours qui médicalisent les sociétés. Ainsi, l'auteur remarque, à juste titre, que toutes les familles de modèles en géographie de la santé se complètent pour mieux appréhender la complexité de la réalité et d'orienter judicieusement les politiques de santé.

b. La modélisation des territoires de santé pour un meilleur accès aux soins

Depuis plusieurs années en France, le territoire est reconnu comme une composante fondamentale des politiques de santé publique, comme le rappelle la nouvelle loi HPST. Pour les décideurs politiques, les services de santé, allant de la prévention aux soins les plus pointus en termes de technicité et de spécialisation, doivent répondre aux besoins de la population sur un territoire de la façon la meilleure possible. Pour cela, de nouveaux maillages territoriaux sont créés à partir de modèles visant ainsi l'amélioration de l'accès aux soins. Après avoir présenté les « territoires de santé » en tant que maillons clés de l'organisation sanitaire, nous verrons plus précisément deux modèles de découpage des territoires, l'un proposé par J-F. Mary et J-M Toussaint, l'autre par E. Vigneron.

Créé par la Loi hospitalière du 31 juillet 1991, le Schéma Régional d'Organisation Sanitaire (SROS) est un document d'urbanisme qui fixe les objectifs en vue d'améliorer la qualité, l'accessibilité et l'efficience de l'organisation sanitaire. Il prévoit l'organisation territoriale des moyens qui permettent la réalisation des objectifs. L'élaboration des SROS de $3^{\text{ème}}$ génération, couvrant la période 2006-2011, s'inscrit dans un cadre rénové de la planification sanitaire. En effet, l'ordonnance du 4 septembre 2003[89] a fortement modifié le dispositif de planification sanitaire en supprimant la carte sanitaire et en faisant des SROS l'outil unique de planification. Dans ce contexte, le territoire de santé se substitue au secteur sanitaire et devient le cadre réglementaire de l'organisation des soins. Les projets médicaux sont désormais territorialisés et font l'objet d'une concertation entre les acteurs du champ de la santé en impliquant le secteur médico-social, les élus et les usagers : c'est la notion démocratie sanitaire qui s'exprime autour de conférences sanitaires de territoires[90].

Par ailleurs, la circulaire du 5 mars 2004[91] précise les orientations concernant l'élaboration des SROS III. Elle vise une « *plus grande prise en compte de la dimension territoriale* ». La répartition des activités de soins par territoire doit être définie et que, pour chacune d'entre-elles, soient précisés les objectifs quantifiés de l'offre de soins à atteindre sur la durée du SROS. La finalité de la construction de territoires de santé est de « *permettre l'accès effectif et efficace de la population à un ensemble de services sanitaires, et dans certains cas médicosociaux et sociaux* »[92]. Le découpage en territoire s'appuie à la fois sur des observations spécifiques : par exemple les bassins de naissance, la desserte de la population en médecins généralistes, en services d'urgences, de chirurgie, etc., mais aussi en gradation de niveaux de soins où chaque niveau est déterminé par une offre de soins (activités et équipements). Il s'agit ainsi de déterminer les

---

[89] Site Internet du Ministère de la Santé : www.sante.gouv.fr
[90] COLDEFY M., LUCAS-GABRIELLI V. (2008)
[91] Site Internet du Ministère de la Santé : www.sante.gouv.fr
[92] CREDES (2003)

services dont la population a besoin et non pas de découper les territoires en fonction de l'offre préexistante de soins[93].

La construction de ces territoires de santé s'inscrit donc dans l'action et s'appuie sur l'existence de « territoires administratifs » (régions, départements, cantons, communes, pays), sur les « territoires vécus » constitués par les pratiques de la population (naissance, recours à l'hôpital, habitudes de vie, etc.) et sur les « territoires services » (desserte de la population). L'analyse de ces trois types d'enchevêtrements de territoires est nécessaire pour mesurer les difficultés de fonctionnement des services et apprécier les lacunes dans la réponse aux besoins. L'approche territoriale est également très importante pour le secteur libéral, notamment pour les médecins généralistes qui assurent les soins de proximité[94]. En ce sens, les territoires de santé ne peuvent être conçus à partir de critères techniques seuls, il s'agit d'un projet politique dans lequel les médecins libéraux sont appelés à devenir des acteurs à part entière des territoires de santé[95].

Il existe plusieurs modèles pour la construction des territoires, V. Lucas-Gabrielli *et al.* en propose une synthèse[96]. Une première classe regroupe des approches qui ont pour point commun de partir des services existants et de partitionner le territoire à partir de l'utilisation de ces services. Parmi ces méthodes, certaines définissent des aires de recrutement théoriques autour des structures d'offre de soins existantes (courbes isochrones, polygones de Thiessen, aires de Reilly), tandis que d'autres reposent sur la fréquentation effective (et non plus théorique) des services. Une seconde classe rassemble les

---

[93] BOURDILLON F. (2005)

[94] PICARD M. (2004)

[95] SCHWEYER F-X (2004)

[96] LUCAS-GABRIELLI V. *et al.* (2003)

méthodes qui cherchent à définir et à identifier des zones favorisées ou défavorisées à partir de l'analyse des caractéristiques de la population résidente croisée avec l'offre disponible. Mais avant toute élaboration d'un modèle pour la délimitation de territoires, il est nécessaire de connaître précisément le but poursuivi : planification, prévision, description, évaluation, concertation. En effet, le choix d'une échelle ou d'un contour géographique dépend de l'objectif de la démonstration du modélisateur, il peut s'agir de l'observation (recherche de zones à risques épidémiologiques, mal desservies ou déficitaires en médecins, ou encore homogènes en terme de besoins) ou bien de la décision (définition de territoires sur lesquels des institutions auront des compétences en terme d'aménagement sanitaire, d'allocation de ressources, de décision budgétaire et de définition des normes).

A titre d'exemple, nous pouvons citer J-F. Mary et J-M Toussaint[97] qui s'appuient sur les flux de patients pour modéliser l'accessibilité aux Services Mobiles d'Urgences et de Réanimation (SMUR). Pour cela, les auteurs utilisent les modèles classiques du barycentre et des polygones de Thiessen auxquels ont été ajouté, grâce aux Systèmes d'Information Géographiques (SIG), des calculs d'itinéraires permettant d'optimiser les conditions d'accessibilité. Cette problématique est inscrite dans le volet « urgence extrahospitalière » du SROS : « *Les territoires d'intervention des SMUR doivent être validés comme territoires élémentaires de santé, sur la base du rattachement des communes au SMUR le plus accessible* »[98]. Ils ne doivent donc pas être dictés par des découpages administratifs mais par la dimension spatiale de ses variables caractéristiques. Après avoir élaboré des cartes d'accessibilité aux SMUR et identifié des zones dont l'accessibilité dépasse 30 minutes, les auteurs proposent un ré-découpage

---

[97] MARY J-F., TOUSSAINT J-M. (2005)

[98] Site Internet du Ministère de la Santé : www.sante.gouv.fr

de la sectorisation officielle des SMUR pour un état jugé optimisé. De nouveaux territoires d'intervention des SMUR sont créés en fonction du service offrant la meilleure accessibilité routière à chaque commune. Cette optimisation permettrait à une part considérable de la population de ramener le délai d'accès aux SMUR à 35 minutes contre 45 actuellement.

En utilisant également une démarche reposant sur la fréquentation effective des services, E. Vigneron a créé le concept de bassins de santé ainsi que son application opérationnelle. La notion de bassin de santé a été reprise par la circulaire ministérielle du 24 mars 1998 sur l'élaboration des SROS, développée par le secrétaire d'État à la Santé et finalement, inscrite dans la loi du 4 mai 1999 (amendement Veyret). E. Vigneron[99] part du constat que l'un des problèmes essentiels de l'organisation territoriale des soins provient de la difficulté à circonscrire géographiquement les populations et à pouvoir assurer qu'elles consommeront les soins offerts à proximité. La notion de bassin de santé est une réponse à ce problème et vise ainsi une meilleure accessibilité des personnes au système de santé ainsi qu'une meilleure adéquation entre l'offre et la demande sur un territoire donné. Un bassin de santé est « *une partie de territoire drainée par des flux hiérarchisés et orientés principalement vers un centre, de patients aux caractéristiques et aux comportements géographiques homogènes* »[100]. Le principe repose sur une unité géographique de base (commune, canton) rattachée à un bassin dès lors que sa population s'oriente préférentiellement vers les établissements hospitaliers de ce bassin. Les limites d'un bassin de santé sont déterminées par le départ entre les aires d'influence respectives de pôles sanitaires voisins. Cette définition repose sur une approche comportementaliste dans le déplacement des populations vers les services de

---

[99] VIGNERON E. (1999)
[100] *Ibid.*

61

soins les plus proches et non directement sur une disposition des structures de l'offre. Un bassin de santé nécessite une population suffisamment nombreuse, qui présente une certaine homogénéité concernant ses caractéristiques ou besoins de santé mais également la présence d'un réseau de santé ou la possibilité d'en créer un. L'auteur propose trois méthodes pour délimiter les bassins de santé. La première est fondée sur l'expression de la perception des acteurs par le biais de l'enquête sociologique. Bien que subjective, l'expérience des acteurs constitue un référentiel important qui doit être associé à la validation des résultats de l'analyse scientifique. Il est également possible de procéder par analogie avec les lois physiques de l'attraction universelle et déterminer des aires d'attraction. Si cette méthode est mathématiquement très satisfaisante, l'auteur indique que cette approche suscite « *des débats dont la nature éloigne des préoccupations initiales et finalement l'analyse perd en justification sociale* ». Enfin, la dernière méthode correspond à une démarche participative pour laquelle la vision et la pratique des principaux acteurs sont intégrées à la délimitation des bassins de santé. Cette démarche non-technocratique risque néanmoins d'entériner les choix de la population comme des choix justifiés et rationnels.

Une fois l'approche conceptuelle posée, la méthode utilisée pour la modélisation de ces bassins de santé repose sur l'analyse d'une information décrivant les flux de patients de leur domicile à leur lieu de soins. Cette information est aujourd'hui disponible dans les PMSI (Programmes de Médicalisation des Systèmes d'Information) des établissements. La méthode consiste à analyser une matrice de données décrivant la fréquentation de chaque pôle hospitalier j pour chaque secteur d'habitat i afin de prendre en compte la pratique spatiale des personnes hospitalisées. Ces données sont ensuite traitées statistiquement et synthétisées sous formes de cartes (voir Figure 6 page 64).

Ainsi, la notion de bassin de santé présente l'avantage de partir des comportements et des besoins de santé de la population sur un territoire tandis que d'autres découpages partent de la répartition actuelle de l'offre ce qui constitue une méthode certes plus commode mais peu pertinente car elle ne tient pas compte du ratio offre/demande. Les bassins de santé constituent « *le passage d'une logique institutionnelle à une logique de services* »[101]. Mais comme le rappelle H. Mauss et D. Polton[102], il n'y a pas de découpage parfait, « *le meilleur territoire étant, en fin de compte, celui qui résulte d'une construction collective, appuyée sur une analyse technique pertinente des réalités géographiques* ».

---

[101] VIGNERON E. (1999)
[102] CREDES (2003)

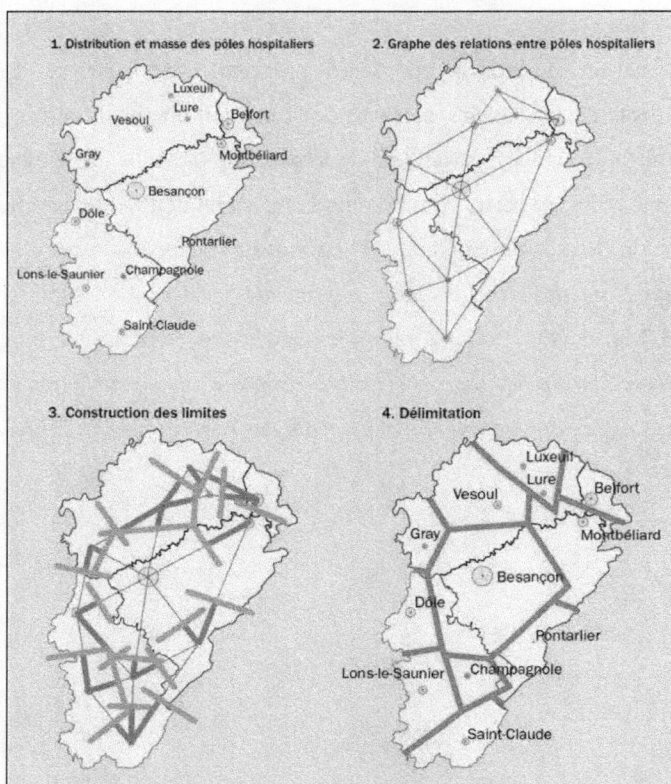

Figure 6 : Les étapes de la construction de bassins de santé théoriques. Source : VIGNERON E. (1999)

Ainsi, « *la perspective globale de la recherche, les questionnements du chercheur, bien plus que le contexte d'existence des données, vont conduire les choix de formalisation et les outils de compréhension mobilisés* »[103]. La modélisation pose alors la question de la formalisation des connaissances qui peut prendre plusieurs formes : le langage littéraire, des critères d'observation chiffrés, des dessins sagittaux, des chorèmes, des cartes, etc. En ce qui concerne

---

[103] LUCCHINI F. (2005)

la formulation en critères d'observation chiffrés, il est souvent nécessaire d'élaborer des indicateurs. Selon J. Lévy[104], un indicateur est un « *instrument de mesure d'une réalité empirique permettant une connexion avec le domaine théorique* ». En s'inspirant de Karl Popper, l'un des plus influents philosophes des sciences du XXème siècle, J. Lévy rappelle qu'il n'existe pas de relation facile entre l'empirie et la théorie : un concept ne peut surgir de la seule observation du réel. De même, la mise à l'épreuve d'un énoncé théorique ne peut s'effectuer par sa simple superposition aux phénomènes dont il cherche à rendre compte. Dans ce contexte, il est nécessaire de « *construire des commutateurs, des sas, permettant le passage d'un univers à l'autre* ». Un indicateur peut être conçu comme un « *capteur de phénomène* » de telle sorte que les informations qu'il fournit entrent en phase avec les énoncés théoriques (par exemple l'Indice[105] de Développement Humain cherche à correspondre au concept de développement). En sens inverse, un indicateur peut correspondre à la sélection et à l'agencement d'informations, parmi l'infinité des mesures possibles, celles qui permettront de dialoguer avec les outils de description et d'explication issus de la problématique choisie (par exemple le Produit Intérieur Brut mesure la masse de production marchande sur un territoire). Nous illustrerons cette définition des indicateurs en partie II. 3. en présentant une synthèse critique des indicateurs de l'accessibilité spatiale. Etant donné la dimension opérationnelle de l'accès aux soins, il est important de comprendre qu'un indicateur est également un outil d'aide à la décision dont l'utilisation s'inscrit dans une démarche qui répond à un objectif précis dans un contexte donné et n'a d'intérêt que par les choix qu'il aide à faire dans ce cadre[106].

---

[104] LEVY J., *Indicateur*, in LEVY J., LUSSAULT M. (dir.) (2003)

[105] Un indice est le résultat d'un travail de construction impliquant plusieurs indicateurs élémentaires.

[106] AGENCE NATIONALE D'ACCREDITATION ET D'ÉVALUATION EN SANTÉ (2002)

En conclusion, « *Aucune recherche sérieuse ne peut se passer d'un effort de modélisation en vue de parvenir à l'essentiel et d'évaluer les écarts entre les objets géographiques singuliers et les modèles qui aident à leur interprétation* »[107]. La modélisation a permis d'enrichir considérablement le débat scientifique en géographie en utilisant de nouvelles méthodes, de nouveaux objets d'étude et une ouverture vers d'autres disciplines.

2. *La nécessaire modélisation de l'accessibilité réelle*

a. **Réelle ou potentielle : choix sémantique des modèles de l'accessibilité spatiale**

Nous avons analysé l'importance de la modélisation à travers les objectifs et caractéristiques des modèles en géographie et plus précisément dans le domaine sanitaire. Une synthèse des principales approches théoriques nous a permis de mieux comprendre le contexte dans lequel s'inscrivent les modèles tels que les découpages de territoires pour améliorer l'accès aux soins. Enfin, nous avons vu l'importance des indicateurs en tant qu' « *instrument de mesure d'une réalité empirique permettant une connexion avec le domaine théorique* ». Nous allons à présent nous intéresser au choix sémantique de ces « *sas, permettant le passage d'un univers à l'autre* » : existe-t-il une distinction entre accessibilité réelle et potentielle ?

Le modèle dynamique du processus d'obtention des soins (Figure 5, page 49) montre que l'accessibilité réelle est le rapport entre la demande et la délivrance de soins. Sa mesure correspond à la capacité réelle de chaque patient sur un

---

[107] BRUNET R. (2000)

territoire à accéder aux structures de soins à partir du moment où les besoins de santé (ressentis ou exprimés) engendrent une demande de soins[108]. Mais cette mesure ne peut être obtenue qu'en interrogeant tous les individus pour savoir si leur demande de soins est effectivement satisfaite selon les critères synthétisés par R. Penchansky et J. W Thomas[109] (disponibilité, accessibilité, commodité, capacité financière, acceptabilité). Etant donné que le recueil de la somme des perceptions individuelles pour la délivrance des soins n'est pas réalisable, l'utilisation d'un modèle avec des indicateurs permet une approximation de cette accessibilité réelle. En effet, comme nous l'avons vu précédemment, P. Langlois et D. Reguer[110] démontrent que les différentes sources de données pour la modélisation et l'élaboration d'indicateurs sont déjà des formes d'abstraction de la réalité : le recensement de la population constitue un modèle qui forment des bases de données, tout comme la télédétection qui donne des images après des traitements complexes de photos satellites, ou encore la carte qui est le résultat d'un modèle résultant des précédents. Ainsi, toute mesure de l'accessibilité spatiale réelle est nécessairement une mesure d'un potentiel d'accessibilité spatial puisqu'elle est issue d'un modèle regroupant des informations sur l'utilisation effective ou non de services de soins.

En ce sens, M. F. Guagliardo n'utilise pas le même vocabulaire puisqu'il fait une distinction entre la nature de l'information utilisée, c'est-à-dire entre l'utilisation effective (accessibilité réelle) ou non (accessibilité potentielle) des services. En effet, dans son étude, M. F. Guagliardo[111] propose de définir le concept d'accès, non seulement en fonction des cinq dimensions de R.

---

[108] PICHERAL H. (2001)
[109] PENCHANSKY R., THOMAS J. W. (1981)
[110] LANGLOIS P., REGUER D. (2005)
[111] GUAGLIARDO M-F. (2004)

Penchansky et J. W Thomas[112], mais aussi en ajoutant la notion d'étapes (*stages*). La première étape correspond à un potentiel de délivrance de soins due à la coexistence, dans l'espace et dans le temps, des besoins d'une population et de l'offre d'un service de santé. La réalisation effective de ces soins constitue la seconde étape, qui est caractérisée par le dépassement des barrières des cinq dimensions de l'accès. D'un point de vue opérationnel, une analyse territoriale complète de l'accès à un service devrait donc inclure la confrontation, pour chaque dimension, de la mesure d'un potentiel d'accès à des données d'utilisation effectives de cet accès. Le tableau ci-après (voir Figure 7, page 69), résume ainsi l'ensemble des études de l'accès aux soins en fonction des étapes (potentielles ou réelles) et des dimensions (spatiales ou non-spatiales). Dans ce contexte, l'accessibilité spatiale (potentielle ou réelle) est identifiée par les deux dimensions de disponibilité et d'accessibilité (synonyme de proximité).

M. F. Guagliardo accorde une place importante à l'accessibilité géographique aux soins primaires et la définit à travers deux dimensions : l'accessibilité et la disponibilité, comme nous l'avons proposé dans le modèle dynamique du processus d'obtention des soins (Figure 5, page 49). Il va de soi que l'accessibilité est une dimension géographique, puisqu'elle est directement liée à la notion de proximité et de distance au sens large du terme. Concernant la disponibilité, le rapport entre l'offre et la demande, sous-entend un choix du patient entre différents services à l'échelle locale, cela implique donc de prendre en compte la répartition de l'offre et de la demande lorsque l'on se place à une échelle globale. Ces deux dimensions sont donc les fondements du concept de l'accessibilité spatiale. Comme l'indique H. Picheral, on comprend l'importance de la définition de ce concept par rapport à ses implications dans le domaine de la santé, « *La plus grande accessibilité est ainsi un des objectif premier de tout*

---

[112] PENCHANSKY R., THOMAS J. W. (1981)

système de santé dans sa dimension sociale (équité) »[113].

		Les étapes	
		Potentielle	Réelle
Dimensions	Spatiale	Etudes de la proximité et de la disponibilité qui ne considèrent pas des données de l'utilisation réelle des services	Etudes portant sur l'utilisation d'un service croisé avec des facteurs spatiaux
	Non-spatiale	Etudes de la capacité financière du patient, de la culture et des autres facteurs non-spatiaux qui ne considèrent pas les données sur l'utilisation réelle du service	Etudes portant sur l'utilisation réelle d'un service par rapport à la financière du patient, de la culture et des autres facteurs non-spatiaux

Figure 7 : Classification des études de l'accès aux soins en fonction des dimensions et des étapes
(Source : M. F. Guagliardo, 2004)

En revanche, la distinction, entre les étapes potentielles et réelles de M. F. Guagliardo, n'est pas nécessaire pour notre approche conceptuelle étant donné que l'accessibilité spatiale réelle correspond au rapport entre la demande de soins de la population et la délivrance des soins. En effet, il n'est pas possible de mesurer l'accessibilité réelle puisque l'utilisation d'un service ne donne aucune information sur la demande pour ce service. Ainsi, l'interprétation d'une telle information sous-entend la construction d'un modèle reposant sur l'utilisation effective des services de soins. S'il n'est pas nécessaire d'introduire une distinction entre accessibilité réelle ou potentielle, notre attention doit alors se porter sur la validité des modèles proposées pour représenter l'accessibilité réelle.

---

[113] PICHERAL H. (2001)

69

L'accessibilité spatiale nécessite donc de formuler des hypothèses simplificatrices par rapport aux processus réels. Par exemple, certains modélisateurs considèrent dans un premier temps, que la demande de soins provient potentiellement de l'ensemble de la population sur le territoire et non à une proportion ciblée. En effet, la demande de soins est une information difficile à mesurer qui nécessite un modèle pour l'estimer et donc une vérification de ces hypothèses simplificatrices afin d'avoir une idée de la pertinence de la mesure obtenue par l'indicateur. En revanche, la mesure de la délivrance de soin est plus aisée et ne nécessite pas de modèle puisque l'information peut être exhaustive.

Ainsi, la modélisation de l'accessibilité spatiale aux soins est nécessaire pour mieux appréhender les phénomènes sur les territoires et peut, dans une logique opérationnelle, être intégrée aux processus plus pragmatiques de la décision en aménagement du territoire. Les indicateurs permettent donc d'évaluer un potentiel d'accessibilité spatiale pour une demande potentielle de soins de la population et dont l'évaluation est indispensable pour élaborer des modèles toujours plus proches des réalités territoriales.

b. Des besoins de santé à la demande : formulation des premières hypothèses pour la modélisation de l'accès aux soins

La demande de soins, induite par des besoins de santé ressentis ou exprimés[114], constitue l'entrée dans le sous-système de l'accès aux soins, au sein du modèle dynamique du processus d'obtention des soins (Figure 5, page 49). La demande est donc la première étape pour laquelle des hypothèses doivent être formulées

---

[114] PICHERAL H. (2001)

pour mesurer et analyser l'accessibilité spatiale et plus largement l'accès aux soins.

Etant donné que « *la satisfaction des besoins de santé, individuels ou collectifs, reste un objectif théorique et irréaliste* »[115], l'évaluation de la « demande de santé » semble être une expression plus appropriée que celle des « besoins de santé ». Or peu de travaux distinguent les « besoins de santé » (données difficilement mesurables) et la « demande de santé » (mesure potentielle dont l'estimation est plus aisée), nous présenterons donc des travaux d'auteurs qui utilisent essentiellement la première terminologie.

R. Pineault et C. Daveluy[116] définissent les besoins de santé comme l'écart entre un état de santé constaté et un état de santé souhaité, ce qui correspond à la définition de la santé selon l'OMS, c'est-à-dire un « *état de complet bien être physique, mental et social* » (voir Figure 8, page 72).

---

[115] *Ibid.*
[116] PINEAULT R., DAVELUY C. (1995)

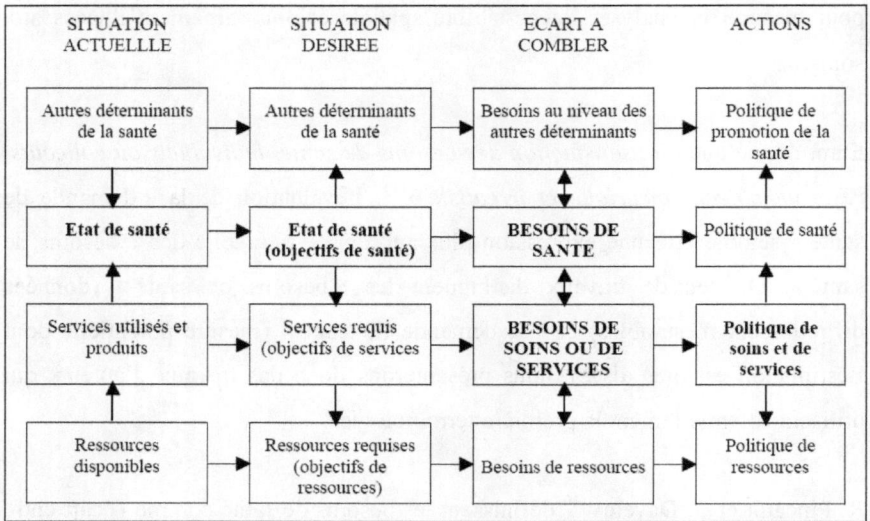

SITUATION ACTUELLLE	SITUATION DESIREE	ECART A COMBLER	ACTIONS
Autres déterminants de la santé	Autres déterminants de la santé	Besoins au niveau des autres déterminants	Politique de promotion de la santé
Etat de santé	Etat de santé (objectifs de santé)	BESOINS DE SANTE	Politique de santé
Services utilisés et produits	Services requis (objectifs de services	BESOINS DE SOINS OU DE SERVICES	Politique de soins et de services
Ressources disponibles	Ressources requises (objectifs de ressources)	Besoins de ressources	Politique de ressources

Figure 8 : Les besoins de santé : un écart entre un état de santé constaté et souhaité. Source : PINEAULT R., DAVELUY C. (1995)

Cette définition suppose que, pour évaluer les besoins de santé d'une population, il faut mesurer son état de santé et donc définir des instruments de mesure en santé publique et quantifier un état de santé souhaité. Ces étapes sont difficiles à réaliser étant donné qu'elles impliquent l'élaboration de références[117]. En effet, des référentiels absolus, définis par des experts, risquent d'être déconnectés des besoins ressentis de la population ou bien simplement de refléter les services disponibles. Mais des référentiels relatifs, définis sur la base de comparaisons territoriales, tendent à ériger la moyenne en norme[118]. Par ailleurs, la mesure de l'état de santé constaté présente également des difficultés puisque les données sur la morbidité sont largement insuffisantes et le taux de mortalité, disponible à

---

[117] SALOMEZ J-L., LACOSTE O. (1999)

[118] CHAMBARETAUD S., HARTMANN L. (2004)

une échelle locale, ne donne qu'une image partielle des différences d'état de santé[119].

Comme nous l'avons vu dans le cas de l'accessibilité réelle, les besoins réels de santé d'une population ne peuvent être quantifiés tant il est difficile de les évaluer. Rappelons que, contrairement aux besoins de soins, la réponse aux besoins de santé dépend de facteurs sanitaires mais aussi d'un ensemble de déterminants extérieurs (aménagement de l'environnement physique et social, éducation et prévention, etc.). Cependant, plusieurs méthodes sont proposées afin d'estimer les besoins de santé. Dans le cadre de la planification sanitaire, l'évaluation des besoins répond à deux objectifs complémentaires : d'une part, déterminer et répartir quantitativement et qualitativement l'offre de soins, d'autre part, déterminer des priorités de santé[120].

Selon C. Cases et D. Baubeau[121], la référence à choisir comme norme d'état de santé souhaité varie dans le temps et l'espace et diffère selon les situations démographiques et économiques des collectivités qui doivent le définir. La quantification des besoins de santé nécessite d'élaborer plusieurs indicateurs afin d'en confronter les résultats et d'en débattre avec l'ensemble des acteurs. Les auteurs distinguent trois méthodes pour évaluer les besoins. Une première solution est le recours aux experts, mais elle se heurte aux difficultés pour fixer une référence de santé souhaitée et pour quantifier l'état de santé des populations en tenant compte de l'ensemble des déterminants de santé. Une deuxième méthode consiste à interroger directement certaines catégories de population sur leurs problèmes de santé mais cette solution manque de précision (la perception

---

[119] SALOMEZ J-L., LACOSTE O. (1999)
[120] ESTELLAT C., LEBRUN L. (2004)
[121] CASES C., BAUBEAU D. (2004)

varie fortement selon le moment de l'entretien, l'âge, le milieu social, etc.) et les besoins de prévention ne sont pas exprimés par les individus interrogés. Enfin, une dernière méthode repose sur l'observation des consommations de soins. Cette solution assimile les besoins de santé à la demande effective de soins : besoins de santé, besoins de soins et recours effectifs aux services de soins sont alors confondus. Bien qu'elle ne tient pas compte des rapports offres/demandes déficitaires ou bien de l'inaccessibilité aux soins pour des raisons financières, sociales ou culturelles, cette méthode est pourtant la plus pratiquée, comme le montre l'indice de besoins en lits d'hospitalisation, longtemps utilisé dans la carte sanitaire.

Par ailleurs, O. Lacoste et J-L. Salomez[122] proposent une démarche globale pour déterminer les besoins locaux de santé. La démarche de détermination est « *une réelle obligation* » qui comprend trois aspects fondamentaux : délimiter avec précision les besoins, entraîner la décision des pouvoirs publics et confirmer ou renouveler le positionnement des décideurs politiques. Ces trois éléments correspondent également au modèle dynamique du processus d'obtention des soins (voir Figure 5, page 49) dans lequel, une définition précise de l'accès permet une évaluation de la performance du processus d'obtention des soins et l'analyse d'indicateurs confirme ou renouvèle les stratégies de gestion des décideurs politiques pour l'accès aux soins.

La délimitation précise des besoins implique une collaboration entre « *techniciens-experts* » et « *demandeurs-décideurs* » afin de connaitre leurs intentions. Plusieurs interrogations doivent susciter des réponses claires : « *Quels sont les besoins à découvrir ? Sont-ils globaux, spécifiques, coutants ou rares ? De quelle population s'agit-il ? La population générale ? Les individus d'un sexe ou de l'autre ? De quels âges ? Convient-il de ne porter attention qu'à*

---

[122] LACOSTE O., SALOMEZ J-L. (1999)

la population atteinte de telle ou telle affection ou vers l'ensemble des habitants vivant localement ? Cherche-t-on à apprécier un ou des besoins globaux, somme toute relativement abstraits ? Ou s'agit-il de préciser quels peuvent être les besoins relatifs à telle ou telle technique ? Des besoins relevant de telle structure ou susceptibles d'être couverts par des réseaux d'acteurs ? Quel est ce « local » retenu comme cadre de réflexion ? Dans quel contexte régional se situe-t-il ? Ces besoins sont-ils immédiats, contemporains ou doivent-ils être estimés à court, moyen ou long terme ? »

Afin de guider les choix des décideurs politiques, les motifs de détermination des besoins doivent également être précisés : répartition de moyens budgétaires, humains, techniques ou d'infrastructures. L'estimation devra-t-elle réaliser des arbitrages entre des demandes provenant d'acteurs locaux ou s'inscrira-t-elle dans une analyse prospective accompagnant des projets innovants, adaptés aux situations locales ? Quels sont les délais pour atteindre les résultats de cette évaluation ?

O. Lacoste et J-L. Salomez[123] précisent que les entités locales peuvent correspondre aux entités administratives préexistantes (arrondissement, canton, aire urbaine, zone d'emploi, etc.) ou bien à un secteur géographique dont la délimitation est souvent construite selon des critères descriptifs du milieu (facteurs démographiques, sociaux, géographiques, etc.). Il est également possible de fonder une partition territoriale à partir de facteurs sanitaires tels que les aires d'influences hospitalières ou libérales, les regroupements d'équi-mortalité ou d'équimorbidité, aboutissant à la mise en place de bassins de santé, de bassins ambulatoires ou d'entités géo-épidémiologiques. L'échelle locale ne cesse de prendre de l'importance en matière sanitaire, elle répond aux besoins ressentis essentiellement par les instances sanitaires régionales : « *Toute*

---

[123] LACOSTE O., SALOMEZ J-L. (1999)

structure, disposant d'un pouvoir de décision ou se devant de pouvoir fournir quelques analyses, se doit de maîtriser son propre territoire, en le décomposant en espaces locaux, dans le but de saisir l'éventuelle diversité de l'ensemble lui-même. Le « local » est donc fondamentalement une partie désagrégée d'un tout. Il est engendré par la nécessité de désagrégation, c'est pourquoi chaque entité locale est, surtout dans le cas que nous traitons, marquée des particularités, des spécificités du tout dont elle est issue ». Mais la décomposition de la totalité d'un territoire régional en multiples espaces, cohérents et homogènes, nécessite également de maintenir des secteurs de décision à des échelles plus vastes telle que la région.

Ainsi, pour O. Lacoste et J-L. Salomez[124], seule la combinaison d'un ensemble de méthodes permet la détermination des besoins de santé locaux. Dans leur démarche globale, analyses quantitatives et qualitatives sont associées : études et synthèses des données de mortalité et de morbidité, études par entretiens, analyses d'experts, de responsables, analyses de l'offre, de la production et de la consommation, enquêtes auprès des patients et de la population (voir Figure 9, page 77).

---

[124] LACOSTE O., SALOMEZ J-L. (1999)

Une démarche globale

- ① Analyse de la mortalité
- ② Synthèse des données de morbidité

Les phases 1 et 2 font appel aux données existantes.

- ③ Les données sont-elles suffisantes ?
- ④ Étude de morbidité

La phase 4 fait appel à une enquête épidémiologique.

- non
- oui
- ⑤ Étude par entretiens

La phase 5 utilise les méthodes de l'entretien semi-directif.

- ⑩ La réponse est-elle sanitaire ?
- ⑪ Prévention
- ⑫ Autres réponses

Une enquête en population générale peut permettre de coupler :
- La phase 5 pour la partie population ;
- La phase 9 pour l'éventuelle partie population ;
- La phase 15 pour l'analyse d'accès aux soins et l'analyse des itinéraires.

- non
- oui

Une enquête auprès des prescripteurs peut permettre de coupler :
- La phase 5 pour la partie professionnels de santé ;
- La phase 9 pour la partie prescripteur.

- ⑥ Analyse de la demande
- ⑬ Analyse de l'offre
- ⑦ Analyse d'experts
- ⑧ Analyse des responsables
- ⑨ Enquête auprès des « clients »
- ⑭ Analyse de la production

Les experts de la phase 7 peuvent être mis à contribution pour la réponse à la question 10.

- ⑮ Analyse de la consommation
- ⑯ Décision

La phase 14 peut faire appel à des analyses internes aux établissements, à des audits externes et à l'utilisation de systèmes d'information géographiques pour les analyses de recrutement.

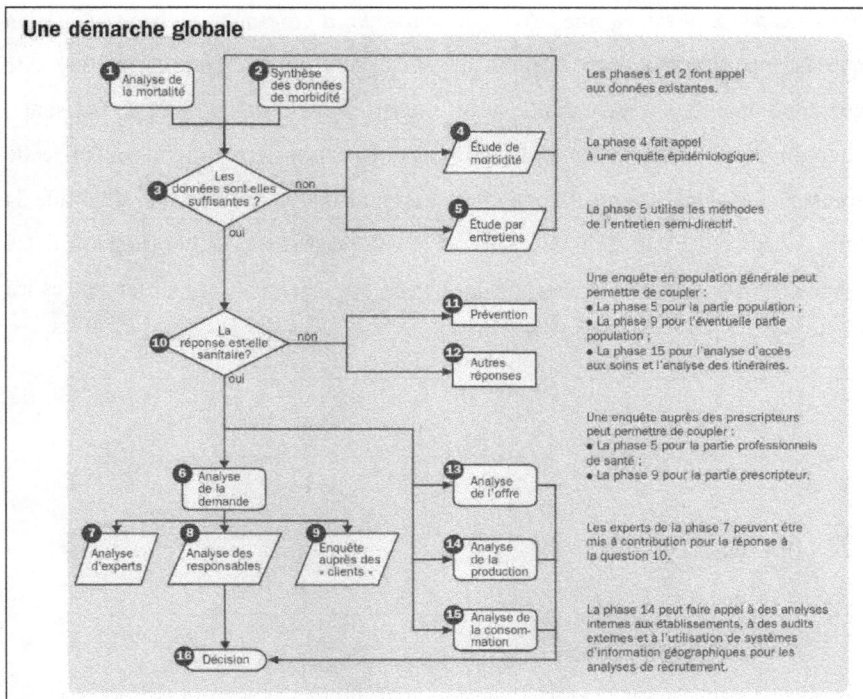

Figure 9 : Une démarche globale pour la détermination des besoins locaux de santé. Source : LACOSTE O., SALOMEZ J-L. (1999)

En ce sens, O. Lacoste et J-L. Salomez rejoignent l'idée de C. Cases et D. Baubeau selon laquelle seule une démarche participative, à travers la confrontation des avis des divers acteurs, permet une estimation plus juste des besoins : « *L'estimation du besoin de santé et du besoin de soins ne peut se réduire à une procédure linéaire se fondant sur un nombre limité d'avis et d'expertises. Il s'agit au contraire d'une démarche complexe où doivent être recueillis de façon indépendante les points de vue des experts, des professionnels, des autorités, de la population et de ses représentants. De la confrontation de ces différents avis, de l'analyse des convergences ou des*

77

divergences peut naitre une véritable démarche d'aide à la décision »[125]. Bien que la quantification des besoins de santé soit un exercice complexe, elle constitue une étape essentielle pour mener à bien une politique de santé, analyser et faire des préconisations sur la répartition territoriale de l'offre de soins[126]. La combinaison d'approches quantitatives et qualitatives ainsi que la mise en place d'une démarche participative permettant la confrontation des résultats avec l'ensemble des acteurs concernés, semblent constituer un cadre d'analyse adapté pour estimer la demande de santé sur les territoires.

---

[125] SALOMEZ J-L., LACOSTE O. (1999)
[126] CASES C., BAUBEAU D. (2004)

3. *Les indicateurs : recherche d'un compromis entre représentation et interprétation des mesures de l'accessibilité spatiale*

Examinons à présent, un ensemble d'indicateurs mesurant l'accessibilité spatiale. La possibilité de quantifier l'accessibilité spatiale sur un territoire est une étape essentielle afin de rendre opérationnels les apports de ce concept. Les indicateurs seront classés en fonctions des dimensions prises en compte dans le concept d'accessibilité spatiale.

a. Les indicateurs reposant sur la proximité

Un premier ensemble d'indicateurs repose sur la proximité, c'est-à-dire le chemin le plus court entre la population et un service de santé. Elle peut être définie en distance kilométrique, en temps ou en coût. Elle constitue l'indicateur le plus intuitif pour rendre compte de l'accessibilité spatiale d'un service de santé à une population donnée.

A cet égard, les aires d'attraction théoriques, déterminées par les polygones de Thiessen ou les aires de Reilly, reposent sur la distance. Elles effectuent un découpage du territoire selon l'attraction simultanée d'un ensemble de services de soins (voir Figure 10, page 81). Les polygones de Thiessen définissent des surfaces, basées sur la distance euclidienne et le maillage d'un semi de points. La méthode consiste à calculer le milieu (I) de chaque segment reliant A et B. Une droite perpendiculaire au segment [AB] et passant par (I) est tracée. Elle correspondra à un côté de polygone. Par ailleurs, les aires de Reilly pondèrent la distance par le nombre d'habitants concernés en utilisant une formule dérivée de la Loi de gravitation de Newton.

En revanche, les polygones de Thiessen, tout comme les aires de Reilly, sont des modèles inefficaces sur un maillage de points resserrés puisque les bassins théoriques se superposent et les taux d'attractivité calculés sont irréalistes[127]. Dans les deux cas, la méthode de calcul repose sur des calculs géométriques simples réalisés à partir de la localisation des communes. Par ailleurs, ces indicateurs ne prennent pas en compte l'hétérogénéité spatiale, or l'accessibilité d'un territoire dépend de ses caractéristiques physiques (absence ou non d'obstacles naturels) et de l'organisation réticulaire des axes de transport (quantité des voies de communication, qualité de la desserte, etc.). Ce modèle théorique, s'appuyant uniquement sur la distance euclidienne d'un espace isotrope, ne constitue donc pas un outil précis pour les décideurs politiques.

---

[127] LUCAS-GABRIELLI V. *et al.* (2003)

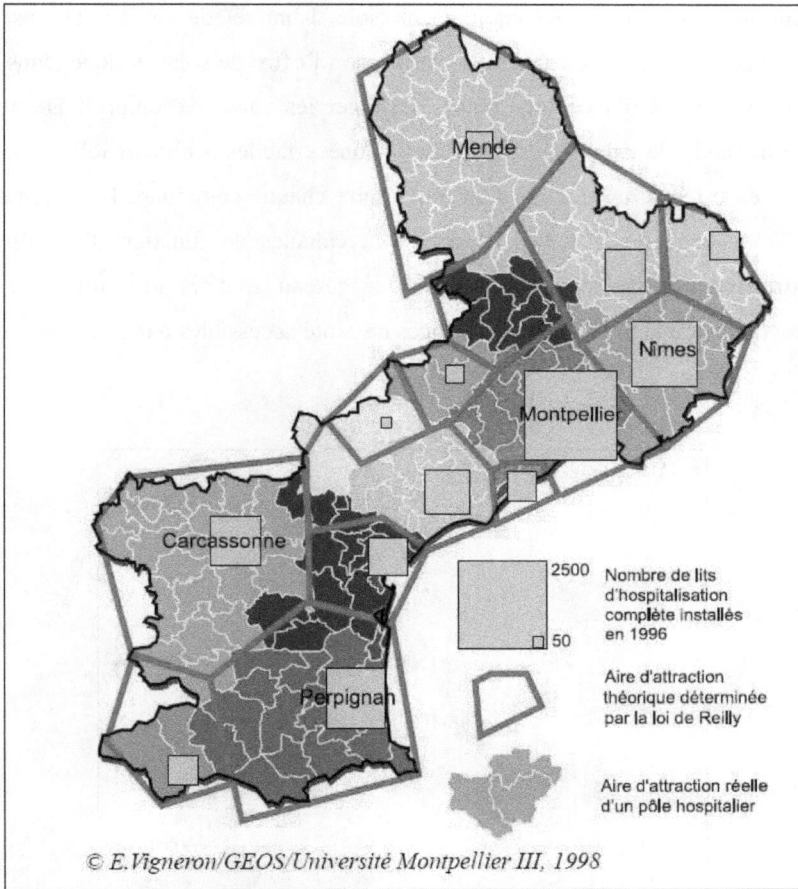

Figure 10 : Les bassins de santé en Languedoc-Roussillon. Carte réalisée par E. Vigneron en 1998, in LUCAS-GABRIELLI V. *et al.* (2003)

Les courbes isochrones constituent une autre méthode pour représenter l'accessibilité aux services de santé, elles sont mesurées à partir de la distance entre les structures de soins et la population. Contrairement aux polygones de Thiessen ou aux aires de Reilly qui effectuent un découpage du territoire selon l'attraction simultanée d'un ensemble de services de soins, le calcul des courbes

81

isochrones s'appuie sur un équipement isolé. L'intérêt de ces courbes est la délimitation d'espaces dont la taille varie selon l'offre de soins et donc, dans un principe d'équité d'accès aux soins, de cibler les zones déficitaires. De plus, cette méthode de calcul repose sur des données faciles à obtenir telles que la distance, le temps ou le coût d'un trajet entre chaque commune. Dans certains cas la distance ou le temps d'accès sont calculés en fonction d'un réseau d'infrastructures de transport (tel que le réseau routier) afin d'obtenir la cartographie de la proximité des services de santé accessibles par ce réseau (voir Figure 11, page 82).

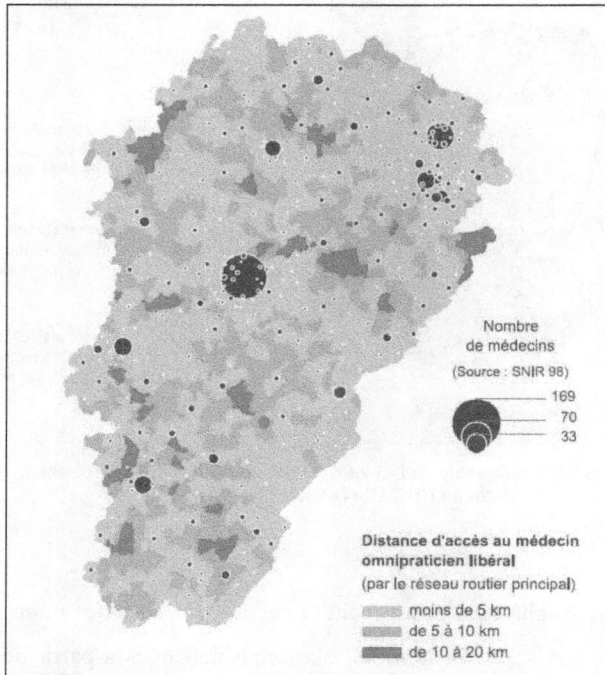

Figure 11 : L'accessibilité des médecins omnipraticiens libéraux en 1999 dans la région Franche-Comté. Source : CAREL D. et *al.* (2002)

Les hypothèses sous-jacentes à la représentation de l'accessibilité spatiale par les courbes isochrones reposent sur une répartition homogène de l'offre et de la demande de soins. L'obstacle majeur est alors la proximité à une structure de soins, c'est-à-dire la distance en termes de kilomètres, temps ou coût. Il est donc nécessaire de valider ces hypothèses en réalisant une enquête préalable sur les obstacles de l'accès, puis vérifier s'il y a bien une homogénéité entre l'offre des services de soins et la demande de la population pour ces services. Si on considère l'échelle géographique de la commune sur un territoire départemental ou régional, il est peu réaliste de supposer que l'offre et la demande soient homogènes sur l'ensemble de ce territoire. C'est pour cette raison que ce type d'indicateurs a été fréquemment utilisé pour représenter l'accessibilité spatiale dans les espaces ruraux dans lesquels la demande est souvent supérieure à l'offre sur l'ensemble du territoire.

Certes, la distance est un indicateur d'accès aux soins révélateurs d'inégalités. Elle définit la bonne diffusion ou concentration des structures et professionnels de santé, et permet de hiérarchiser les types de soins suivant leur degré de rareté[128]. Néanmoins, la représentation cartographique d'un indicateur reposant seulement sur la distance n'est pas satisfaisante pour représenter l'accessibilité aux centres de soins sur un territoire. D'autre part, les courbes isochrones, tout comme les polygones de Thiessen ou les aires de Reilly, sont des indicateurs particulièrement sensibles aux effets de frontières puisque le plus court chemin pour accéder à un service peut se réaliser en dépassant les frontières du territoire considéré (canton, département, région, etc.). Dans ce cas, l'accessibilité spatiale mesurée est alors sous-estimée.

---

[128] LUCAS-GABRIELLI V., TONNELLIER F. (1995)

b. Les indicateurs reposant sur le rapport du nombre de professionnels de santé par unité de population

Les indicateurs reposant sur le rapport du nombre de professionnels de santé par unité de population, tout comme ceux reposant sur la proximité, sont très présents dans les études portant sur l'accessibilité spatiale[129]. Après avoir découpé un territoire en différentes portions j (par exemple, à l'échelle communale à l'aide de leur code géographique), on calcule pour chacune d'entre elles le rapport $R_j = \frac{S_j}{P_j}$ du nombre de professionnels S_j de santé sur le nombre d'habitants P_j.

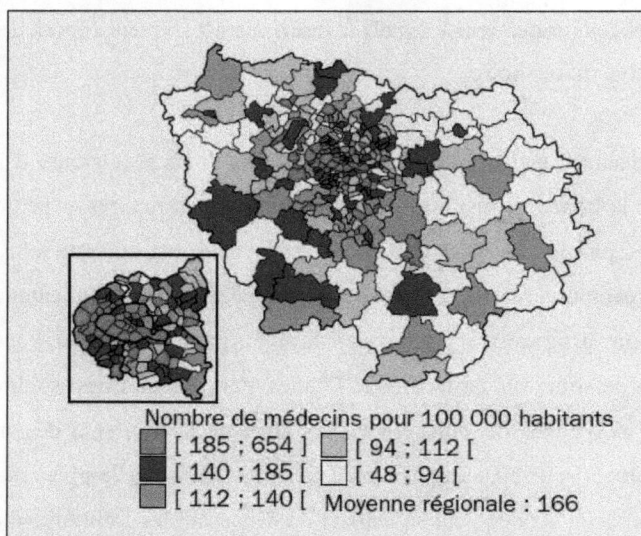

Figure 12 : Répartition cantonale des médecins généralistes et densité médicale en Ile-de-France en 1997. Source : J-P. Aita et J. Cascalès, in CORVEZ A., VIGNERON E. (dir.) (1999).

---

[129] GUAGLIARDO M-F. (2004)

La mesure de cet indicateur de densité médicale repose sur des données faciles à obtenir : le nombre d'habitants par commune et le nombre de professionnels de santé correspondant (voir Figure 12, page 84). Outre sa facilité de mise en œuvre et d'interprétation, cet indicateur permet une comparaison rapide de deux territoires de grande taille.

Cependant, les deux hypothèses sur lesquelles reposent cet indicateur ne permettent pas une estimation pertinente de l'accessibilité spatiale. Tout d'abord, la demande de santé est considérée homogène pour chaque unité de population considérée. De plus, le modèle suppose que chaque patient obtient des soins uniquement dans sa commune. En ce sens, la dimension de la proximité est omise. Etant donné que cet indicateur ne tient pas compte de l'offre de soins dans les unités de population périphériques à celles considérées, il est également très sensible au choix du découpage des territoires.

c. **Les indicateurs reposant sur des modèles de gravité**

Les modèles de gravité[130] ont pour objectif de représenter l'interaction potentielle entre la population située en un point i et un service situé en un point j. L'intensité de l'interaction est d'autant plus forte que la distance d_{ij} (ou le temps d'atteinte) entre les deux points i et j est courte. Par analogie avec le modèle de gravité de Newton, le potentiel d'accessibilité spatiale est donné par une loi décroissante avec la distance :

$$A_i = \sum_j \frac{S_j}{d_{ij}^{\beta}}$$

---

[130] GUAGLIARDO M-F. (2004)

Avec S_j représentant le nombre de professionnels de santé présents au point j. Les modèles de gravité sont très souples, il est même possible de ne pas faire de découpage en portion de territoire et d'avoir une représentation continue de l'accessibilité spatiale sur un espace euclidien. Cependant, l'unité de mesure de ce potentiel n'est pas facile à interpréter, en particulier à cause de la valeur du coefficient β. Les valeurs obtenues permettent ainsi de cartographier une bonne représentation de l'accessibilité spatiale, sans pouvoir clairement identifier les facteurs les plus déterminants, le nombre de professionnels ou la proximité. Par ailleurs, cet indicateur ne tient compte que partiellement, de la dimension de disponibilité dans le concept d'accessibilité spatiale, puisque la demande de santé n'est pas évaluée. Une correction de cette loi a ainsi été proposée[131], la demande D_j au point j est calculée par la formule :

$$D_j = \sum_k \frac{P_k}{d_{kj}^{\beta}}$$

Avec P_k la population au point k. Ce résultat permet d'obtenir la distribution spatiale de la demande, puis il est intégré au modèle de calcul de l'accessibilité spatiale :

$$A_i = \sum_j \frac{1}{d_{ij}^{\beta}} \frac{S_j}{D_j}$$

Ainsi, le rapport entre l'offre et la distribution spatiale de la demande est plus représentatif de la dimension de la disponibilité du concept d'accès. Malgré l'intérêt théorique de ce type d'indicateur pour la représentation des dimensions

---

[131] JOSEPH A. E., BANTOCK P. R. (1982) cité dans GUAGLIARDO M-F. (2004)

de l'accessibilité spatiale, ce modèle est difficile à mettre en œuvre du fait du choix du coefficient β pour lequel des études empiriques devraient être menées afin de proposer des valeurs pertinentes pour le territoire étudié.

d. Les indicateurs de type 2SFCA (two-step floating catchment area)

La recherche d'un indicateur dont l'interprétation est intuitive et dont les données sont facilement accessibles, a conduit à l'élaboration d'un compromis entre les modèles de gravité et le rapport du nombre de professionnels par unité de population[132]. Tout d'abord, le territoire est découpé en portions sur lesquelles on identifie la localisation des professionnels de santé. On introduit ensuite une distance seuil d_0 qui correspond à un temps de trajet pour accéder à la structure de soins.

Dans la première étape, pour chaque localisation j de professionnels de santé, on détermine l'ensemble des localisations k de populations pouvant atteindre la localisation j par un déplacement dont la distance est inférieure au seuil d_0 fixé (en tenant compte des infrastructures des réseaux de transport). On calcule alors le rapport R_j du nombre de professionnels S_j de santé par unité de population P_k pour la localisation j :

$$R_j = \frac{S_j}{\sum_{k \in \{d_{kj} \leq d_0\}} P_k}$$

La deuxième étape consiste à déterminer, pour chaque localisation i de population, l'ensemble des localisations de professionnels de santé j accessible pour la distance seuil d_0. Les rapports précédents sont sommés pour obtenir le potentiel d'accessibilité spatiale de la localisation i :

---

[132] WANG F., LUO W. (2005)

$$A_i = \sum_{j \in \{d_{ij} \leq d_0\}} R_j$$

Le résultat correspond donc à une détermination de l'offre, d'une part et de la demande, d'autre part, en fonction de l'aire d'attraction définie par la distance seuil (*catchment area*). Cet indicateur à l'avantage de pouvoir obtenir une mesure ayant une signification réelle (rapport d'un nombre professionnels de santé par unité de population) et de représenter les deux dimensions essentielles (accessibilité et disponibilité) du concept d'accès. Cependant, le choix du seuil de distance d_0 doit être effectué avec précaution. En effet, McGrail et Humphreys[133] ont mis en évidence des différences importantes d'interprétation en variant la distance seuil avec $d_0 = 15$ minutes (voir Figure 13, page 89) puis $d_0 = 60$ minutes (voir Figure 14, page 89). Si la distance seuil est trop grande, la disponibilité est surévaluée, ce qui engendre un biais important dans l'interprétation des résultats de la mesure de l'accessibilité spatiale.

---

[133] McGRAIL M. R., HUMPHREYS J. S. (2009)

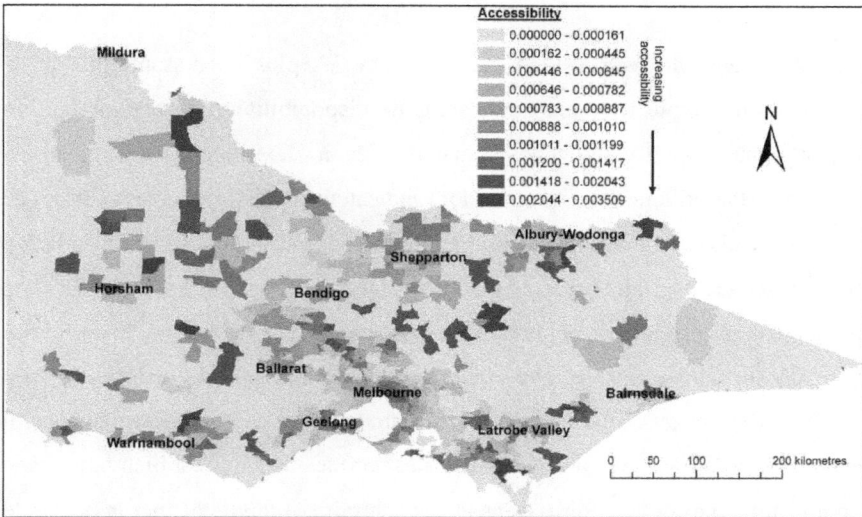

Figure 13 : Carte de l'accessibilité aux médecins généralistes dans la région de Melbourne (Australie) avec un seuil de 15 minutes. Source : McGRAIL M. R., HUMPHREYS J. S. (2009)

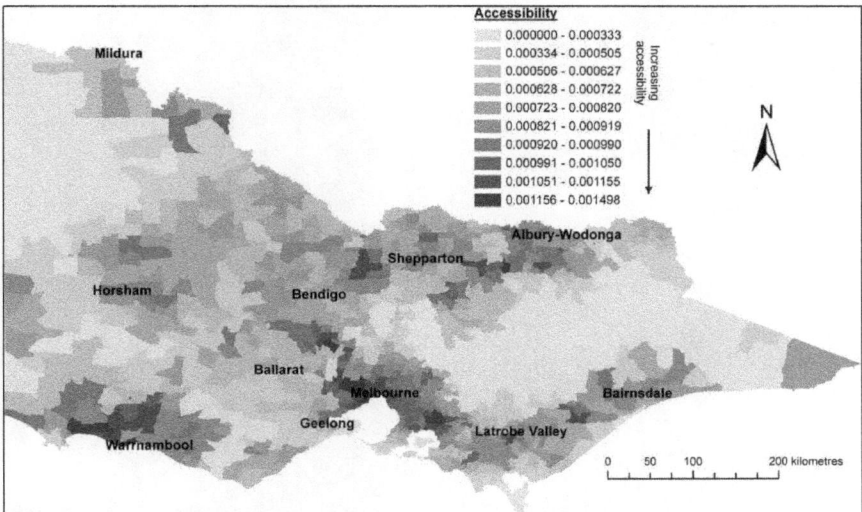

Figure 14 : Carte de l'accessibilité aux médecins généralistes dans la région de Melbourne (Australie) avec un seuil de 60 minutes. Source : McGRAIL M. R., HUMPHREYS J. S. (2009)

89

Les indicateurs de type 2SFCA semblent être les plus intéressants puisqu'ils prennent en compte les deux dimensions de disponibilité et d'accessibilité, en tenant compte de l'hétérogénéité spatiale liée à l'existence d'un réseau de transport. Par ailleurs, la mesure de l'indicateur reste intuitive (nombre de professionnels de soins par unité de population) ce qui facilite son appropriation par les décideurs politiques en matière sanitaire. De plus, Luo et Qi[134] ont récemment proposé une amélioration de la méthode afin de réduire la sensibilité du choix du seuil de distance en effectuant une pondération de la distance. Afin de valider les mesures de l'accessibilité spatiale obtenues avec cet indicateur, il est nécessaire de vérifier si la demande aux services de soins est bien homogène pour chaque portion territoire. Dans le cas contraire, il faudra affiner la demande en proposant des modèles reposant sur les caractéristiques de la population sur chaque portion de territoire (par exemple en tenant compte de la distribution de l'âge, des catégories socioprofessionnelles, etc.).

---

[134] LUO W., QI Y. (2009)

4. *Bilan sur les méthodes de modélisation pour l'accessibilité spatiale*

a. Précautions d'emploi pour les indicateurs

La difficulté du choix d'un indicateur de l'accessibilité spatiale repose sur la recherche d'un compromis entre une interprétation aisée et les capacités de l'indicateur à représenter correctement les dimensions fondamentales du concept d'accessibilité spatiale. Dans ce contexte, la première étape nécessaire avant l'analyse et l'élaboration d'un indicateur est de réaliser une enquête afin de déterminer les perceptions et les obstacles majeurs de l'accès aux soins pour une population sur un territoire donné. Ces perceptions influencent l'action ou non de déplacement vers un service de soins à travers les deux dimensions d'accessibilité et de disponibilité (voir Figure 15, page 92). Elles concernent par exemple la disponibilité en temps pour effectuer un déplacement, la connaissance des services de déplacement offert ou encore la capacité à tirer avantage du déplacement.

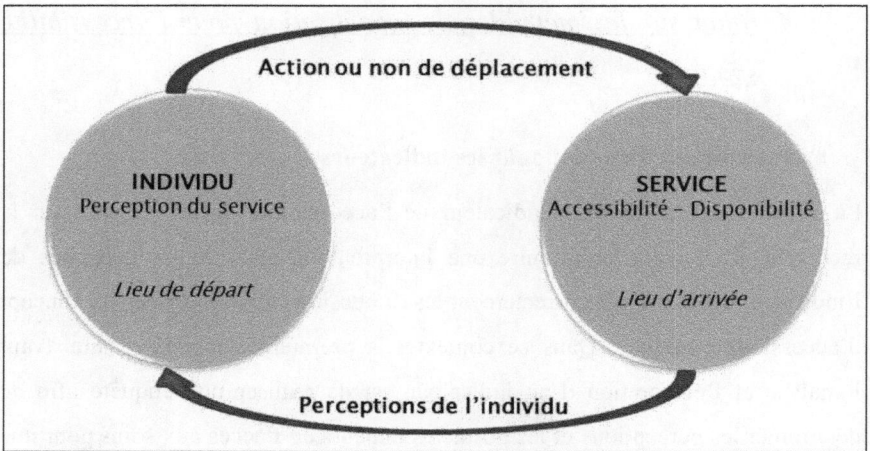

Figure 15 : L'importance des perceptions individuelles pour déterminer les obstacles majeurs de l'accès aux services de soins.

La définition de l'accès selon R. Penchansky et J. W Thomas constitue un cadre d'analyse pertinent qui met en évidence la confrontation des perceptions des services de santé et des patients sur l'ensemble des cinq dimensions de l'accès. Ainsi, leur travail repose sur un questionnaire évaluant la satisfaction des patients à travers les cinq dimensions de l'accès[135] : la disponibilité (*availability*), l'accessibilité (accessibility), la commodité (*accommodation*), la capacité financière (*affordability*) et l'acceptabilité (*acceptability*) : voir Figure 16, page 93.

---

[135] PENCHANSKY R., THOMAS J. W. (1984)

```
Availability
    All things considered, how much confidence do
    you have in being able to get good medical care
    for you and your family when you need it?
    How satisfied are you with your ability to find one
    good doctor to treat the whole family?
    How satisfied are you with your knowledge of
    where to get health care?
    How satisfied are you with your ability to get
    medical care in an emergency?
Accessibility
    How satisfied are you with how convenient your
    physicians' offices are to your home?
    How difficult is it for you to get to your physicians'
    office?
Accommodation
    How satisfied are you with how long you have to
    wait to get an appointment?
    How satisfied are you with how convenient
    physicians' office hours are?
    How satisfied are you with how long you have to
    wait in the waiting room?
    How satisfied are you with how easy it is to get
    in touch with your physician(s)?
Affordability
    How satisfied are you with your health insurance?
    How satisfied are you with the doctors' prices?
    How satisfied are you with how soon you need
    to pay the bill?
Acceptability
    How satisfied are you with the appearance of
    the doctors' offices?
    How satisfied are you with the neighborhoods
    their offices are in?
    How satisfied are you with other patients you
    usually see at the doctors' offices?
```

Figure 16 : Questionnaire pour évaluer la satisfaction des patients. Source : PENCHANSKY R., THOMAS J. W. (1984)

Les auteurs souhaitent ainsi démontrer l'existence de relations significatives entre la satisfaction liée à l'accès et l'utilisation des services, selon des caractéristiques sociodémographiques. L'hypothèse sous-jacente est que l'insatisfaction concernant une dimension particulière de l'accès engendre des croyances et des perceptions chez les patients qui influencent fortement les comportements de santé. Les résultats de l'enquête montrent que le degré d'utilisation des services de soins, influencé par la satisfaction des patients, varie

93

selon les caractéristiques sociodémographiques de la population. À l'exception de l'accessibilité, une méthode par régression linéaire montre que chaque dimension de l'accès est fortement corrélée au comportement d'utilisation des services selon des caractéristiques de la population. Par exemple, l'insatisfaction concernant la disponibilité des services, décourage particulièrement les hommes pour l'accès aux soins ainsi que les personnes ayant un faible niveau d'éducation. Pour les populations ayant un niveau élevé d'éducation, pour celles qui sont âgées de 40 ans et de type caucasien, la dimension importante de la l'accès est la commodité, c'est-à-dire la manière dont les ressources sanitaires sont organisées pour accueillir le patient et la capacité de celui-ci à s'adapter à cette offre.

Ainsi, la prise en compte des perceptions et de la satisfaction des individus permet une meilleure compréhension des comportements de santé et de l'utilisation des services par les patients. Ces informations sont essentielles pour déterminer les obstacles de l'accès aux soins. En effet, il semble peu pertinent d'appliquer des indicateurs directement à une situation donnée sans vérifier les perceptions et les ressentis de l'accès pour la population.

Dans le cas de l'indicateur 2SFCA, les enquêtes pourraient déterminer les seuils de distance ou de temps de trajet acceptés par la population pour accéder à une structure de soins. Cette approche permettrait également d'envisager des situations complexes telles que l'impact de la création d'un service de télémédecine sur les perceptions d'une population. L'élaboration d'indicateurs de l'accessibilité spatiale à un service doit alors exploiter les résultats de cette enquête.

Par ailleurs, les données nécessaires aux calculs des indicateurs d'accessibilité spatiale doivent être considérées avec précaution. Tout d'abord, plusieurs indicateurs utilisent le nombre de professionnels de santé sur une portion de territoire, or cette donnée est difficile à obtenir et les recensements disponibles sont peu fiables. En effet, de nombreux médecins sont comptés plusieurs fois, il s'agit notamment des femmes enregistrées sous leur nom de jeune fille et celui de leur mari, ou encore des médecins exerçant dans différents lieux (cabinets médicaux, hôpital, etc.).

Il existe également un biais concernant les professionnels de santé qui exercent à mi-temps seulement. La prise en compte du temps durant lequel un professionnel est à son cabinet (en nombre d'heures par semaine par exemple) constituerait une donnée plus précise. En revanche, le nombre d'habitants d'un territoire donné est une donnée fiable et facilement accessible grâce aux recensements des populations communales de l'INSEE. L'échelle communale est donc la plus fine pour une représentation cartographique de l'accessibilité spatiale. Dans l'idéal, des données dénombrant la population à l'échelle des quartiers permettrait une représentation plus homogène de l'accessibilité entre petites et grandes villes. De même, pour une meilleure représentation de l'accessibilité, l'étude d'un ensemble de communes sur un territoire de taille importante (échelle départementale ou régionale) est nécessaire.

Enfin, il se pose la question de la mesure de la distance (kilomètre, temps ou coût) afin d'évaluer la proximité. Quel réseau de transport doit-on choisir ? La prise en compte du réseau routier semble le plus représentatif étant donné qu'il est le plus étendu sur le territoire et qu'il permet à chaque instant de la journée une accessibilité vers d'autres lieux (excepté lors de sa saturation en heures de pointe ou lors d'accidents, etc.). On supposerait alors que tout individu peut se déplacer en véhicule personnel. En ce sens, il serait intéressant d'étudier un temps d'accès moyen aux soins à plusieurs moments de la journée ou de la semaine. Par ailleurs, on peut s'interroger sur l'utilisation d'un temps moyen des habitants d'une commune pour rejoindre une structure de soins. Une possibilité d'estimation de ce temps moyen reposerait sur la réalisation d'enquêtes auprès de la population afin d'obtenir un échantillon représentatif pour l'accès aux soins. Là encore, doit-on raisonner à l'échelle communale ? Ce choix semble le plus précis étant donné que les informations infra-communales sont peu nombreuses. Ainsi les choix de ces données sont une étape essentielle qui va conditionner la qualité et les résultats d'analyse de l'accessibilité spatiale à un ensemble de soins d'une population sur un territoire donné.

b. La démarche de modélisation pour l'accessibilité spatiale

L'élaboration d'un indicateur est un processus dynamique pour lequel une démarche rigoureuse doit être définie (voir
Figure 17, page 98). La première phase de tout processus d'analyse et de validation des modèles et de leurs indicateurs pour l'accessibilité spatiale est celle de la collecte d'**informations sur l'utilisation réelle et potentielle d'un service** à partir de la localisation des services de soins, des données sociodémographiques de la population, etc. L'analyse de ces informations amène à une **modélisation** et une **formulation d'hypothèses**, ce qui constitue un cadre méthodologique précis afin de répondre à la problématique initialement définie. L'**élaboration d'un indicateur** permet alors de calculer puis de représenter l'information synthétisée. L'étape essentielle de ce processus est celle de la **validation des hypothèses de l'indicateur** qui s'opère avec la vérification de l'adéquation entre l'indicateur et, d'une part, la **nature des principaux obstacles de l'accès** au service, et d'autre part **les caractéristiques**

96

de la demande de la population pour le service concerné. Si ces deux dernières conditions ne sont pas validées, une **correction de l'indicateur** s'impose afin qu'il corresponde davantage à la réalité observée. **L'analyse et l'interprétation de l'indicateur pour la gestion** est permise seulement si les hypothèses de l'indicateur ont été validées. Il est alors possible d'affiner le modèle existant en élaborant une **nouvelle modélisation** avec de nouvelles hypothèses et de nouveaux indicateurs.

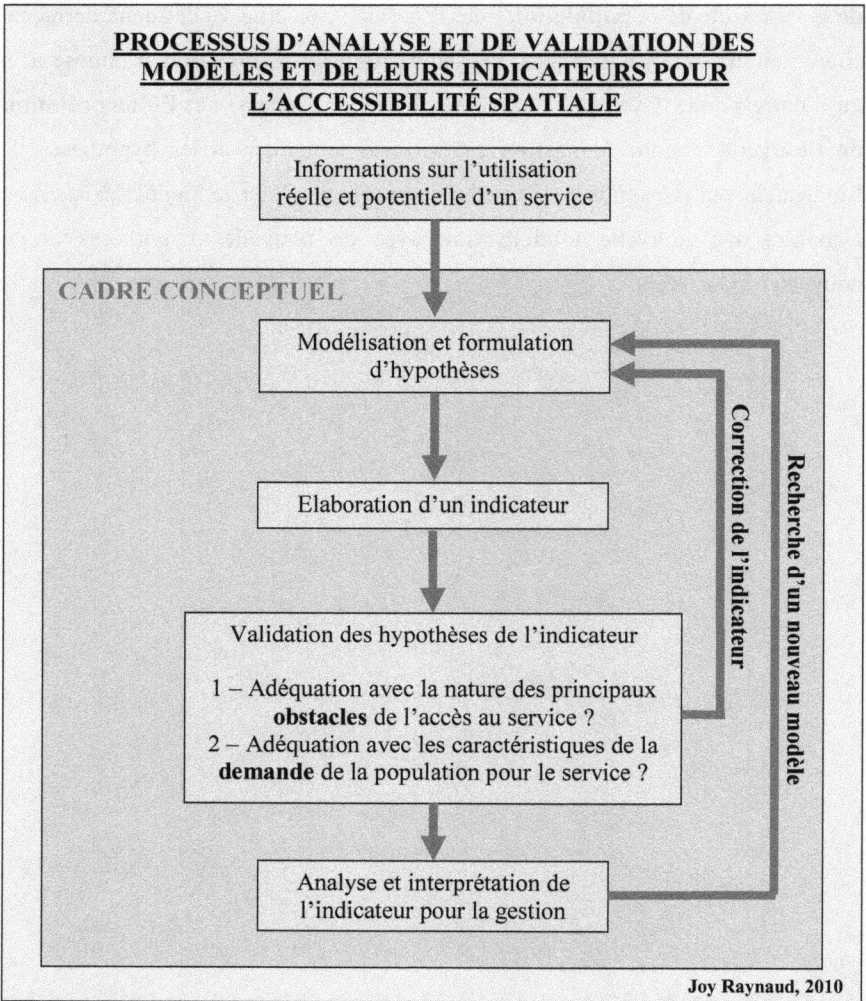

PROCESSUS D'ANALYSE ET DE VALIDATION DES MODÈLES ET DE LEURS INDICATEURS POUR L'ACCESSIBILITÉ SPATIALE

Informations sur l'utilisation réelle et potentielle d'un service

CADRE CONCEPTUEL

Modélisation et formulation d'hypothèses

Elaboration d'un indicateur

Validation des hypothèses de l'indicateur

1 – Adéquation avec la nature des principaux **obstacles** de l'accès au service ?
2 – Adéquation avec les caractéristiques de la **demande** de la population pour le service ?

Analyse et interprétation de l'indicateur pour la gestion

Correction de l'indicateur

Recherche d'un nouveau modèle

Joy Raynaud, 2010

Figure 17 : Processus d'analyse et de validation des modèles et de leurs indicateurs pour l'accessibilité spatiale

Dans ce contexte, il est important de souligner que les comportements effectifs ne donnent pas d'informations sur l'accès effectifs aux soins mais sur les demandes satisfaites. Il est plus intéressant de prendre l'information en amont en réalisant des enquêtes pour déterminer les obstacles liés à l'accès sur un territoire donné. Beaucoup d'études s'intéressent aux comportements réels mais cette approche ne répond pas directement à la question de l'accès puisque ce comportement observé ne relève pas toujours des obstacles liés à l'accès (recherche de la qualité des soins, etc.). En particulier il n'y a pas d'informations sur les patients ayant des demandes non-satisfaites. Par ailleurs, les comportements effectifs de la population dans ses déplacements et ses recours aux services ne sont pas pris en compte. Si les modèles supposent que les individus se déplacent rationnellement vers la structure de soins la plus proche, d'autres comportements peuvent apparaître pour diverses raisons (habitudes culturelles, réputation des établissements, etc.)[136].

Ainsi, chaque indicateur contient des hypothèses sous-jacentes à sa représentation de l'accessibilité spatiale en fonction des concepts définis précédemment. Il est important de vérifier si ces hypothèses correspondent à la réalité. Pour cela, chaque indicateur doit s'inscrire dans une démarche dynamique avec une validation et éventuellement une correction. Par exemple, l'accessibilité géographique n'est pas toujours suffisante pour garantir un accès effectif et la mission des pouvoirs publics est aussi de s'assurer que la population a bien un recours réel aux services dont elle a besoin. Des actions locales dans certaines zones défavorisées peuvent y contribuer[137]. De même, l'évaluation de la demande de santé sur un territoire, à travers des critères sociodémographiques, épidémiologiques, etc., est importante afin de valider ou

---

[136] LUCAS-GABRIELLI V. et *al.* (2003)
[137] CREDES (2003)

d'affiner l'indicateur. En effet, il est préférable de considérer la proportion d'individus qui exprime une demande de santé plutôt que la population dans sa globalité. Il serait alors intéressant, en s'inspirant des travaux de R. Penchansky et J. W Thomas[138], d'établir des profils-types de comportements des individus pour l'accès aux soins à partir d'enquêtes tenant compte des caractéristiques sociodémographiques, du lieu de vie des patients, etc.

Les perceptions des individus constituent donc des informations essentielles dans le processus d'obtention des soins afin d'évaluer l'adaptation des patients au système de santé. Elles permettent également de valider les hypothèses de l'indicateur concernant les obstacles majeurs de l'accès aux soins et la demande de santé sur un territoire donné. Enfin, l'objectif de cette démarche de modélisation n'est pas d'obtenir un indicateur parfait mais de susciter des discussions, des débats entre les acteurs du champ sanitaire.

---

[138] PENCHANSKY R., THOMAS J. W. (1984)

III. Application des concepts et des modèles de l'accessibilité spatiale à l'offre de soins en Languedoc-Roussillon

La création d'un cadre d'analyse pour le processus d'obtention des soins et pour la démarche de modélisation nous permet à présent de réaliser une application opérationnelle en proposant une représentation cartographique de l'accessibilité spatiale aux médecins généralistes ainsi qu'aux ophtalmologues et cardiologues dans les départements de l'Aude et de la Lozère. Les résultats seront alors comparés aux zones déficitaires pour l'accès aux médecins généralistes de l'URCAM-ARH. Cependant, un ensemble de vérification sera nécessaire pour valider les résultats de ces indicateurs.

1. *Méthodologie et présentation des territoires d'études*

a. La méthode

L'indicateur choisi pour la représentation cartographique de l'accessibilité spatiale aux soins est celui de type 2SFCA. Comme nous l'avons indiqué précédemment, ces indicateurs semblent les plus intéressants puisqu'ils associent les deux dimensions de disponibilité et d'accessibilité en tenant compte de l'hétérogénéité spatiale liée à l'existence d'un réseau de transport. Le résultat de l'indicateur correspond au nombre de médecins disponibles pour une commune par rapport à la demande de la population sur le territoire départemental et en fonction d'un temps de trajet maximal.

Les données concernant la population proviennent du recensement communal de l'INSEE et datent de 2006 et celles relatives au nombre de médecins par commune sont issues de la Base Permanente des Equipements de l'INSEE de 2008. Ces données recensent le nombre de médecin omnipraticien ; de spécialiste en cardiologie ; dermatologie vénéréologie ; gynécologie médicale ; gynécologie obstétrique ; gastro-entérologie hépatologie ; psychiatrie ; ophtalmologie ; oto-rhino-laryngologie ; pédiatrie ; pneumologie ; radiodiagnostic et imagerie médicale ; stomatologie ; de chirurgien-dentiste. D'autres professions sont également disponibles telles que sage-femme, infirmier, masseur kinésithérapeute, opticien-lunetier, orthophoniste, etc.

Si ces données gratuites ont été relativement faciles à obtenir, la principale difficulté concerne le temps de trajet entre les communes. En effet, le calcul de l'indicateur de type 2SFCA nécessite de créer une matrice des temps de trajet entre toutes les communes d'un territoire considéré. En l'occurrence, le département de la Lozère comprend 186 communes, ce qui correspond à 17 020 temps de trajet. De même, pour calculer l'accessibilité spatiale dans l'Aude qui compte 486 communes, 95 703 temps de trajet doivent être recueillis ! Une si grande matrice de données ne peut être créée qu'en automatisant la recherche des temps de trajet entre les communes. Pour cela, un programme informatique a été conçu pour effectuer automatiquement des calculs d'itinéraires sur *Google Maps* et pour recueillir ces données dans un fichier.

Pour calculer les temps de trajets, *Google Maps*[139] ne produit pas ses données, leurs provenances varient selon les pays. En France, *Google Maps* utilise les données de *Géoroute IGN 2005*[140], *BD Carto*[141] et *Michelin 2005*[142].

---

[139] Google Maps : http://maps.google.fr

[140] Géoroute IGN : www.ign.fr

[141] BD Carto : http://professionnels.ign.fr

[142] Michelin : www.viamichelin.fr

Malheureusement la méthode de calcul d'itinéraires de ces entreprises n'est pas mentionnée, il n'est donc pas possible de savoir à quel moment de la journée correspondent les itinéraires, quelle est la marge d'erreur, quelles sont les vitesses choisies pour chaque type de routes, etc. Bien que *Google Maps* et *Géoroute IGN 2005* disposent d'un service permettant de visualiser en temps réel l'état du trafic routier, l'itinéraire est-il calculé avec un temps moyen de trajet tenant compte des embouteillages ou bien propose-t-il un trajet de contournement ? Ce manque de précisions est regrettable dans le cadre d'une recherche universitaire, mais ces données permettent d'obtenir une première estimation des distances entre les communes relativement fiable expérimentalement.

Notons que dans le cas de l'analyse de l'accessibilité spatiale pour des communes urbaines contigües ou bien à l'échelle infra-urbaine, il est nécessaire d'évaluer les distances-temps parcourues en transports en commun plutôt que le temps de trajet effectué en véhicule individuel. Une enquête auprès des populations urbaines permettrait d'identifier le mode de transport utilisé pour accéder à l'offre de soins généraliste ou spécialiste. Une autre enquête pourrait également nous éclairer sur les difficultés de l'accessibilité spatiale selon le moment de la journée (heures de pointes, heures creuses) ou bien selon la période de l'année (weekend, jours fériés, vacances scolaires, etc.).

Dans ce travail, nous nous intéressons à l'accessibilité spatiale à partir de calcul de trajets entre des communes essentiellement situées en milieu rural. Une fois la matrice des temps de trajets complétées et la valeur de l'indicateur calculée, une représentation cartographique est possible. Le logiciel *Philcarto* permet de choisir le type de représentation cartographique et la méthode de discrétisation des données. Etant donné que le principal objectif est d'observer les communes pour lesquelles l'accessibilité spatiale est la plus faible, la méthode des classes d'effectifs égaux semblent la plus appropriée. En effet, cette discrétisation selon les quantiles permet de privilégier la position de chacune des unités géographiques dans la distribution : deux classes extrêmes permettent l'isolement des queues de la distribution.

Les six classes choisies pour la représentation sont définies avec les sept bornes suivantes : le minimum, le quantile de 5%, celui de 25% (1er quartile), celui de 50% (médiane), celui de 75% (3ème quartile), celui de 95% et le maximum. On observe bien l'isolement des unités spatiales ayant les valeurs les 5% plus petites et les 5% plus grandes. Selon M. Beguin et D. Pumain[143], cette représentation transmet une information maximale puisqu'elle réserve à chaque figuré de la légende le même nombre d'unités géographiques. Facile à mettre en œuvre, cette méthode peut être appliquée à toute forme de distribution. Son inconvénient réside dans la perte d'information relative à la forme statistique de la distribution.

La discrétisation par classe d'effectifs égaux n'est pas possible dans le cas de l'étude de l'accessibilité spatiale aux médecins spécialistes puisque les effectifs sont trop faibles pour obtenir six classes distinctes : il n'y a que 3 ophtalmologues et 4 cardiologues en Lozère en 2008[144]. Dans ce contexte, il est plus intéressant d'utiliser une discrétisation en classe d'amplitude égale pour une interprétation plus aisée des résultats, bien qu'il faut être vigilant dans le cas où la distribution des valeurs est dissymétrique[145].

---

[143] BEGUIN M., PUMAIN D. (2003)

[144] Base Permanente des Equipements, INSEE, 2008

[145] BEGUIN M., PUMAIN D. (2003)

Ainsi, la cartographie de l'indicateur souligne l'hétérogénéité spatiale du territoire étudié et met en évidence des communes ayant une faible accessibilité spatiale à l'offre de soins généraliste ou spécialiste. Il aurait également été possible de comparer les résultats à une valeur de référence, telle que la moyenne nationale, en calculant les écarts à la moyenne, c'est-à-dire un nombre de médecins par habitant pour un temps de trajet donné.

b. La Lozère, l'Aude et les espaces déficitaires de l'URCAM-ARH

Etant donné le grand nombre de requêtes à réaliser pour calculer la distance en temps sur le réseau routier entre les communes, nous avons limité une première analyse à deux départements du Languedoc-Roussillon : la Lozère et l'Aude. Une étude comparative des communes faiblement accessibles à l'offre de soins observées sur la carte, avec celles identifiées par l'URCAM du Languedoc-Roussillon (Union Régionale des Caisses d'Assurance Maladie), permettra de discuter les résultats cartographiques obtenus.

Le choix du département de la Lozère se justifie par son caractère rural, enclavé et par son réseau urbain monocéphale : la ville de Mende comprend 12 378 habitants en 2006[146], tandis que la seconde ville, Marvejols possède seulement 5 132 habitants. Territoire montagneux qui s'étend sur la partie Sud-Est du Massif central, les monts d'Aubrac, la Margeride, le Gévaudan et les Cévennes porphyro-granitiques, la Lozère est le département le moins peuplé de France. Depuis la fin du XIXème siècle, la Lozère enregistre une forte baisse de la démographie avec un solde migratoire négatif. Néanmoins, l'amélioration du réseau de transport routier (création de l'autoroute 75) et de communication, la

---

[146] Tous les chiffres mentionnés concernant la Lozère et l'Aude proviennent de l'INSEE : www.insee.fr

recherche d'un cadre de vie agréable sont des facteurs limitant l'exode depuis les années 90. La densité démographique est faible avec 14,9 habitants par kilomètre carré et la population est relativement âgée avec 18,5% des hommes et 24% des femmes qui ont plus de 65 ans en 2006. Si la réalité économique semble favorable avec un taux de chômage parmi l'un des plus faibles de France (4,6% en 2007), le secteur dominant est l'agriculture (élevage bovin au Nord et ovins au Sud) dont la productivité est contrainte par les caractéristiques physiques du milieu. Les secteurs de la santé, de l'action sociale ou médico-sociale constituent les premiers pourvoyeurs d'emplois du département, soit 20% des emplois salariés (environ 5000 personnes) dans les 38 établissements d'accueil (notamment des structures pour les handicapés et les maisons de retraite). De même, les administrations, relevant de l'Etat ou des collectivités territoriales, assurent 13,4% des emplois. Dans une moindre mesure, l'artisanat et le tourisme vert avec le Parc National des Cévennes et les gorges du Tarn, participent au développement économique de la région[147]. Ainsi, il est intéressant d'analyser l'accès aux soins dans ce département rural, relativement enclavé et dont la majorité des services est concentrée à Mende.

Par ailleurs, le département de l'Aude comprend un réseau urbain composé de deux principales villes : Narbonne et Carcassonne (soit, 50 776 et 46 639 habitants en 2006) et de trois communes secondaires : Castelnaudary, Limoux et Lézignan-Corbières (respectivement, 11 575, 9 680 et 9 465 habitants en 2006). Cette différence d'organisation spatiale du réseau urbain constitue un élément intéressant pour l'étude de l'accès aux soins, ce qui n'aurait pas été possible en étudiant les Pyrénées-Orientales qui, comme la Lozère, est un département rural constitué d'un principal centre urbain : Perpignan, qui comprend 115 326 habitants en 2006, tandis que la seconde ville, Canet-en-Roussillon en compte

---

[147] Site Internet de la préfecture de la Lozère : www.lozere.pref.gouv.fr

seulement 11 702. De plus, l'Aude subit moins l'influence des structures de soins de l'Hérault (et notamment le Centre Hospitalier Universitaire de Montpellier). L'Aude est un département attractif avec une augmentation démographique liée à un solde migratoire positif (+ 1,5% par an entre 1999 en 2006). La population est également âgée avec 19,1% d'hommes âgés de 65 ans et plus et 23,9% de femmes. Par ailleurs, avec un chômage de 10,1% en 2006, l'activité économique est principalement orientée vers le secteur primaire avec, l'agriculture céréalière dans le Lauragais, l'élevage (essentiellement ovain) dans les massifs montagneux et la viticulture : vins de Corbières et de la Clape à l'Est, Minervois, Malpeyre dans le centre et blanquette de Limoux dans le Sud[148]. Le littoral abrite de petits ports de pêche côtière, ainsi que le port de commerce de Port-la-Nouvelle, créé en 1820. Le tourisme est devenu l'un des pôles essentiels de l'économie locale, plus particulièrement sur le littoral où quelques stations balnéaires (Gruissan, Port-Leucate, etc.) sont aujourd'hui des destinations très prisées. À l'intérieur des terres, l'abbaye de Fontfroide, les châteaux cathares ou les massifs du Narbonnais ont permis au département de mettre en valeur ses atouts culturels et naturels.

La représentation cartographique de l'accessibilité spatiale à l'offre de soins permet d'identifier les espaces les moins accessibles aux structures de soins. Dans ce contexte, il est intéressant de comparer ces communes avec celles proposées par l'URCAM, en Lozère et dans l'Aude.

Les missions régionales de santé, pilotées par les ARS (Agences Régionales de l'Hospitalisation) et les URCAM, déterminent notamment les orientations relatives à la répartition territoriale des professionnels de santé libéraux. Cette élaboration se traduit par la détermination d'orientations relatives à l'évolution

---

[148] Site Internet de la préfecture de l'Aude : www.aude.pref.gouv.fr

de la répartition territoriale des professionnels de santé libéraux et par la définition des zones rurales et urbaines qui peuvent justifier l'institution de dispositifs d'aides conventionnelles prévues par la sécurité sociale. Ces orientations sont fixées dans un document établissant un diagnostic de l'offre libérale régionale et proposant à titre indicatif des scénarios pour améliorer l'adéquation des besoins de la population avec cette offre. A ce titre, la circulaire N° 63 du 14 janvier 2005[149] propose un cadre de définition afin d'identifier rapidement les zones déficitaires en matière d'offre de soins médicaux et rappelle les différentes aides proposées aux médecins généralistes. Parmi les critères à prendre en compte, la circulaire insiste sur la nécessité de respecter le principe d'égalité et propose comme principaux critères : la densité et l'activité médicale. Par exemple, lorsque plus de la moitié des médecins d'un territoire a une activité supérieure de 30% à 50% à l'activité moyenne nationale et que la densité des praticiens est inférieure de 30% à la moyenne nationale, ce territoire pourrait être considéré comme déficitaire. L'URCAM précise qu'aucune organisation ne peut être imposée et que seules des solutions empiriques et négociées avec les acteurs locaux pourront être envisagées et mises en œuvre en s'appuyant notamment sur l'attribution des aides à l'installation pour les médecins, le développement des cabinets de groupe, le soutien à la coordination au sein de l'offre de ville par les réseaux de santé ou les réseaux de professionnels de santé, le développement des réseaux de santé ville-hôpital.

Ainsi chaque région peut définir des zones déficitaires à partir de critères

---

[149] Site Internet du Ministère de la Santé : www.sante.gouv.fr/adm/dagpb/bo/2005/05-03/a0030019.htm

complémentaires préalablement choisis. Cette même circulaire[150] propose par exemple, de tenir compte « *du délai d'accès au médecin généraliste qui, dans un souci d'accès aux soins notamment des personnes les plus âgées et fragiles, ne doit pas excéder 20 minutes* ». De même, « *les difficultés particulières des territoires liés notamment à la part des personnes âgées de plus de 75 ans, dès lors que leur présence serait supérieure de 10% à la moyenne régionale* » pourraient être prises en compte, tout comme les Zones de Revitalisation Rurale, les Zones Franches Urbaines ou les Zones de Redynamisation Urbaine qui soulignent des fragilités sociales plus globales des territoires. Mais cette diversité dans la définition des zones déficitaires pour l'accès aux médecins généralistes ne permet pas une comparaison avec les autres régions françaises.

En Languedoc-Roussillon, l'URCAM et l'ARH ont définit les zones où le nombre de médecins ne permet plus de répondre à la demande de soins de la population. Ces espaces déficitaires, correspondant à des regroupements de communes en zones de patientèle, ont fait l'objet d'un arrêté du 18 octobre 2005[151] dans lequel plusieurs critères sont proposés pour l'élaboration de ces espaces. Les indicateurs relatifs à l'accès aux soins de proximité des populations sont : la densité de population, la capacité touristique, la part des personnes de plus de 75 ans, la part de l'activité incombant aux personnes de plus de 75 ans, la part des personnes en « Affections de Longue Durée » (ALD), la part des bénéficiaires de la CMU complémentaire, le nombre d'actes réalisés par la population de la zone. Les indicateurs concernant l'offre de soins sont : la densité médicale (nombre de médecins pour 5000 habitants), la part des médecins de plus de 55 ans, le nombre de médecins pour 50 km^2, le temps

---

[150] Site Internet du Ministère de la Santé : www.sante.gouv.fr/adm/dagpb/bo/2005/05-03/a0030019.htm

[151]Site Internet de l'URCAM Languedoc-Roussillon : www.languedoc-roussillon.assurance-maladie.fr

d'accès au médecin généraliste le plus proche, l'activité moyenne réalisée par les médecins de la zone, l'activité moyenne en actes techniques réalisée par les médecins de la zone (thermalisme, médecin de montagne). Cependant, aucun détail ne figure concernant la méthodologie employée pour définir précisément ces zones. De plus, à la multiplicité des indicateurs choisis, s'ajoute le manque d'information relatif au choix des seuils. En effet, les critères choisis par l'URCAM-ARH pour l'élaboration des zones déficitaires pour l'accès aux médecins généralistes en Languedoc-Roussillon ne sont pas précisés et restent flous : « *Considérant le choix de seuils fixés en référence à ceux mentionnés dans les décrets et circulaires ou en tenant compte de la moyenne nationale* ».

Dans ce contexte, il est intéressant de comparer les communes déficitaires de l'URCAM-ARH avec les résultats obtenus avec l'indicateur 2SFCA, bien que celui-ci ne représente que le nombre de médecins par habitants selon un seuil en temps d'accès au service par le réseau routier. Comme nous le verrons, cet indicateur d'accessibilité devra être affiné et les critères de l'URCAM-ARH précisés pour une comparaison plus fine des résultats.

2. *Résultat : Analyse de la cartographie de l'accessibilité spatiale*

a. L'accessibilité spatiale aux médecins généralistes dans les départements de l'Aude et de la Lozère

- L'accessibilité spatiale aux médecins généralistes dans l'Aude

Les résultats de la représentation cartographique de l'indicateur 2SFCA, selon une discrétisation par classe d'effectifs égaux, montrent une forte hétérogénéité du nombre de médecins généralistes dans l'Aude puisque celui-ci varie entre 0 et 237 pour 100 000 habitants (voir Figure 18, page 114). Pour un trajet de 20 minutes effectué avec un véhicule individuel sur le réseau routier, les communes ayant une accessibilité spatiale élevée pour accéder aux services de soins sont essentiellement situées autour de Narbonne et dans le quart Sud-est du département (Belcaire, au Nord et au Sud de Limoux). Les communes ayant la plus faible accessibilité sont situées au Nord et au Sud du département. A cet égard, il intéressant de constater la non-adéquation entre les zones déficitaires définies par l'URCAM-ARH et celle observée selon l'indicateur 2SFCA. En effet, si les zones nommées Laroque-de-Fa et Tuchan sont des espaces dont l'accessibilité spatiale est la plus faible selon les deux méthodes, on observe une différence importante pour Saint-Papoul, Fanjeaux et plus encore, pour la zone déficitaire de Belcaire. Cette forte accessibilité spatiale s'explique par un rapport élevé de l'offre par rapport à la demande. Ce regroupement de huit communes dispose de 125 à 170 médecins généralistes pour 100 000 habitants tandis qu'elles comptent seulement 25 à 406 habitants selon le recensement de l'INSEE en 2006.

111

La représentation de la donnée brute du nombre de médecins généralistes par commune confirme notre analyse (voir Figure 19, page 115). On observe que 2 médecins généralistes sont présents pour les 1505 habitants des 12 communes de la zone déficitaire de Belcaire, ce qui correspond à un ratio offre/demande relativement élevé dans le département audois. Il est également intéressant de constater que les communes ayant une bonne accessibilité spatiale sont situées entre deux communes disposant d'une offre de soins relativement importante, ce qui explique la forte accessibilité, non pas à Carcassonne, mais dans les communes environnantes. En parcourant un trajet de 20 minutes maximum, le faible nombre d'habitants de ces communes rurales ont accès aux services de soins de Carcassonne mais aussi de Castelnaudary.

- L'accessibilité spatiale aux médecins généralistes en Lozère

Les résultats de la représentation cartographique de l'indicateur 2SFCA, selon une discrétisation par classe d'effectifs égaux, montrent également une forte hétérogénéité du nombre de médecins généralistes étant donné qu'il varie de 0 à 245 pour 100 000 habitants.

La représentation cartographique montre que l'offre de soins la plus abondante est située à Mende, tandis que la plus forte accessibilité spatiale aux médecins généralistes à 20 minutes concerne essentiellement les communes entourant la ville de Mende, mais aussi celles situées en périphérie Est et Sud du département (voir Figure 20, page 116). En ce sens, les zones déficitaires de l'URCAM-ARH ne correspondent pas aux communes ayant la plus faible accessibilité spatiale avec l'indicateur de type 2SFCA. Cette différence est particulièrement visible pour les zones de Villefort et Chateauneuf-de-Randon mais aussi pour le Sud de la zone de Langogne. Pour celle de Florac-Ispagnac, seule la commune rurale de Fraissinet-de-Fourques (64 habitants) dispose d'une accessibilité spatiale aux services de soins relativement forte (188 à 245 médecins généralistes pour

112

100 000 habitants) étant donné sa proximité avec la commune de Meyrueis (16 minutes) qui comprend 3 médecins.

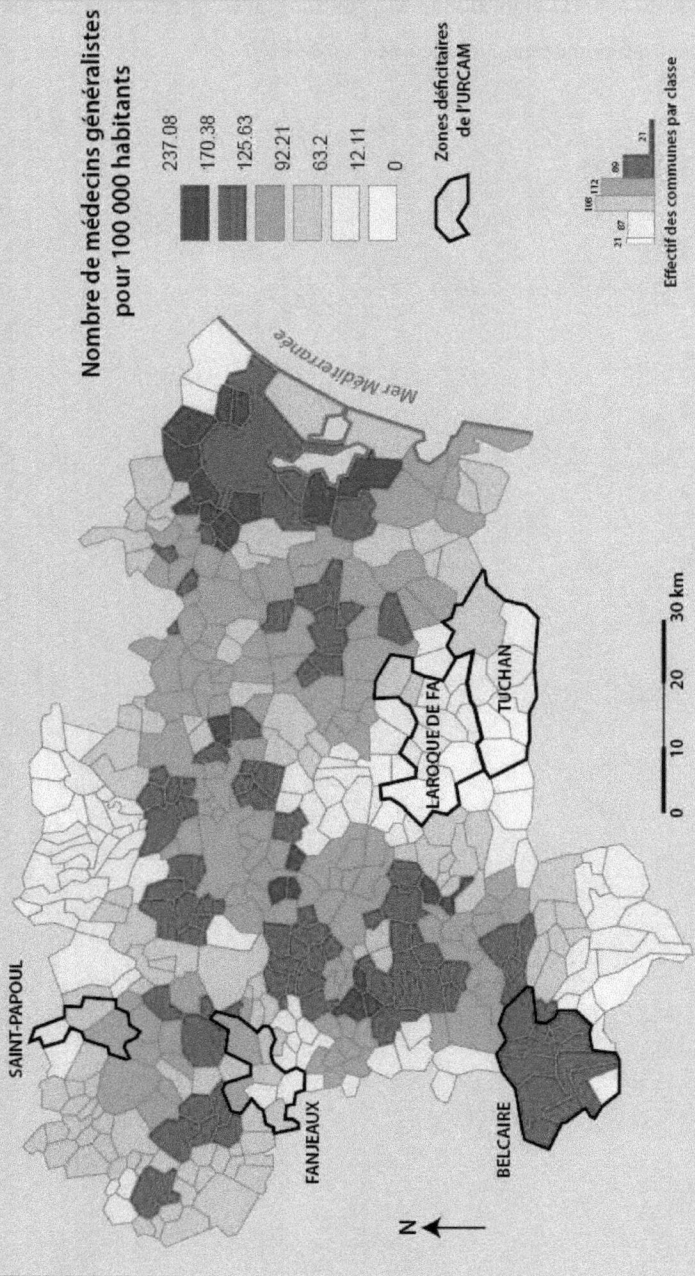

L'accessibilité spatiale aux médecins généralistes dans l'Aude à 20 minutes en 2008

Nombre de médecins généralistes pour 100 000 habitants

237.08
170.38
125.63
92.21
63.2
12.11
0

Zones déficitaires de l'URCAM

Mer Méditerranée

SAINT-PAPOUL

FANJEAUX

LAROQUE DE FA

TUCHAN

BELCAIRE

N

0   10   20   30 km

Effectif des communes par classe

Données de la Base Permanentes des Equipements (INSEE, 2008), Google Maps, Réalisé avec Philcarto.   *Auteur : Joy Raynaud, 2010*

Figure 18 : L'accessibilité spatiale aux médecins généralistes dans l'Aude à 20 minutes en 2008. Données : BPE, INSEE, 2008.

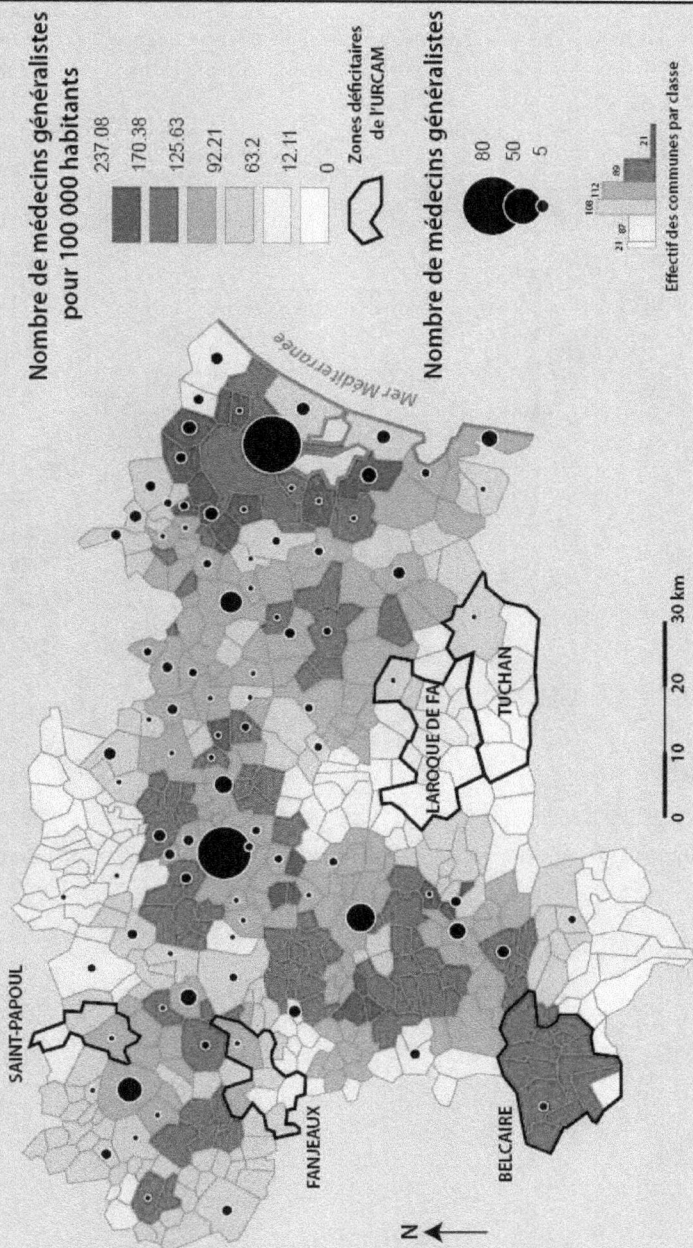

L'accessibilité spatiale aux médecins généralistes dans l'Aude à 20 minutes en 2008

Nombre de médecins généralistes pour 100 000 habitants

237.08
170.38
125.63
92.21
63.2
12.11
0

Zones déficitaires de l'URCAM

Nombre de médecins généralistes

80
50
5

Effectif des communes par classe

108
112
89
21
21
87

SAINT-PAPOUL
FANJEAUX
BELCAIRE
LAROQUE DE FA
TUCHAN
Mer Méditerranée

N

0   10   20   30 km

Données de la Base Permanentes des Équipements (INSEE, 2008), Google Maps. Réalisé avec Philcarto.   *Auteur : Joy Raynaud, 2010*

Figure 19 : L'accessibilité spatiale aux médecins généralistes dans l'Aude à 20 minutes en 2008. Données : BPE, INSEE, 2008.

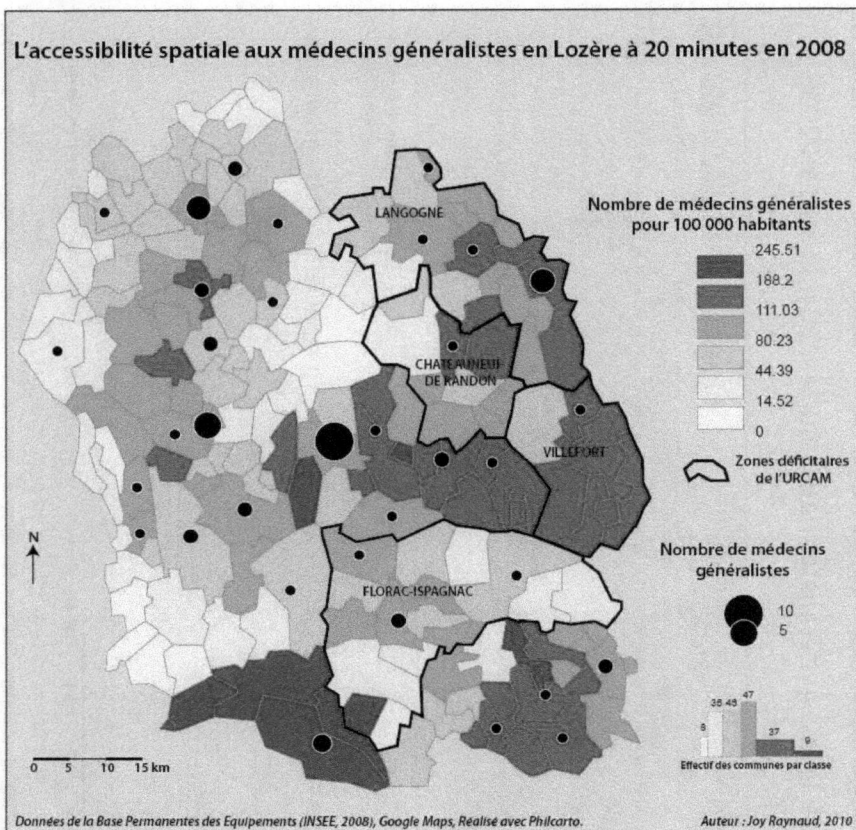

L'accessibilité spatiale aux médecins généralistes en Lozère à 20 minutes en 2008

Figure 20 : L'accessibilité spatiale aux médecins généralistes en Lozère à 20 minutes en 2008.
Données : BPE, INSEE, 2008.

116

b. L'accessibilité spatiale aux ophtalmologues et aux cardiologues dans les départements de l'Aude et de la Lozère

- L'accessibilité spatiale aux ophtalmologues dans l'Aude

Les ophtalmologues sont concentrés dans cinq villes audoises : Castelnaudary, Carcassonne, Limoux, Lézignan-Corbières et Narbonne. Pour un seuil de 30 minutes de trajet, le nombre d'ophtalmologues pour 100 000 habitants varie de 0 à 18 en 2008 (voir Figure 21, page 121). Ce seuil de 30 minutes, qui sera également repris pour la représentation cartographique de l'accessibilité spatiale aux cardiologues, m'a été suggéré par les médecins de l'URML. Les communes disposant des plus fortes accessibilités spatiales sont celles situées entre deux villes, notamment entre Carcassonne et Castelnaudary et entre Carcassonne et Limoux. La population habitant la moitié Sud de l'Aude ainsi que les communes limitrophes aux limites Nord du département, ont un faible accès spatial aux ophtalmologues puisqu'aucune ville à moins de 30 minutes ne dispose d'un tel service.

Par ailleurs, il est intéressant d'observer les résultats cartographiques de l'accessibilité spatiale lorsque le seuil du temps de trajet varie. Dans le cas de l'accès aux ophtalmologues dans l'Aude et la Lozère, nous avons donc réalisé une carte en doublant le temps de trajet. Il est alors prévisible d'observer que le nombre de commune ayant une forte accessibilité comparativement aux autres, augmentent sensiblement (voir Figure 22, page 122). En effet, pour un trajet maximal de 60 minutes, le nombre d'ophtalmologues diminuent pour 100 000 habitants puisqu'il varie de 0 à 9 et la partie Sud du département dispose toujours d'une faible accessibilité spatiale à ce service. Par ailleurs, il est important de souligner que l'amplitude des classes n'est pas la même pour un seuil de 30 et de 60 minutes. Par conséquent les couleurs des figurés dans les

117

deux cartes ne peuvent être comparées : le rouge foncé correspond à la classe des 15 à 18 ophtalmologues pour 100 000 habitants pour un seuil de 30 minutes et il représente la classe des 8 à 9 ophtalmologues pour 100 000 habitants pour un seuil de 60 minutes. De même, pour l'ensemble des cartes proposées par l'accessibilité spatiale aux médecins spécialistes, il est important de remarquer que l'amplitude des classes est plus faible que celle des médecins généralistes, l'accessibilité spatiale est donc plus homogène. Pour cette raison, la méthode de discrétisation utilisée est celle des classes d'amplitude égale contrairement à celle des médecins généralistes qui est la méthode des effectifs égaux.

- L'accessibilité spatiale aux ophtalmologues en Lozère

La Lozère dispose de seulement 3 ophtalmologues en 2008 tandis que l'Aude en compte 26. Bien que les couleurs des classes de la légende ne peuvent être comparées entre l'Aude et la Lozère, cette discrétisation permet d'accentuer les disparités de l'accessibilité spatiale. Pour un seuil de temps de trajet de 30 minutes, les communes disposant d'une accessibilité spatiale aux ophtalmologues relativement importante (6 à 9 ophtalmologues pour 100 000) sont celles situées à moins de 30 minutes de route de Mende (2 ophtalmologues) et de Marvejols (1 ophtalmologue) : voir Figure 24, page 123. Une large partie des communes du département lozérien, au Nord, à l'Est, au Sud, et dans une moindre mesure à l'Ouest n'a accès à ce service en moins de 30 minutes (0 à 1 ophtalmologues pour 100 000).

Pour un seuil de 60 minutes, l'accessibilité spatiale est plus forte pour un grand nombre de communes bien que le nombre d'ophtalmologues varie de seulement 0 à 4 pour 100 000 habitants (voir Figure 23, page 123). L'accessibilité spatiale des communes au Sud-est du département reste très faible pour atteindre ce service de spécialité.

- L'accessibilité spatiale aux cardiologues dans l'Aude

L'Aude comprend 23 cardiologues en 2008 répartis essentiellement dans les villes de Narbonne et Carcassonne et dans une moindre mesure, à Castelnaudary, Limoux, Lézignan-Corbières et Sigean (voir Figure 25, page 124). Pour ce service, l'accessibilité spatiale la plus élevée se situe entre les communes de Carcassonne, Castelnaudary et Limoux (10 à 15 cardiologues pour 100 000 habitants). Narbonne enregistre une accessibilité plus faible liée au nombre d'habitants plus importants. En revanche, les communes de la moitié Sud du département et à sa limite Nord, ont une accessibilité spatiale aux cardiologues parmi les plus faibles du département étant donné leur éloignement géographique aux centres urbains disposant de ce service.

- L'accessibilité spatiale aux cardiologues en Lozère

La Lozère comprend seulement 4 cardiologues, les communes ayant la plus forte accessibilité spatiale sont donc situées à moins de 30 minutes de temps de trajet de Marvejols (3 cardiologues) et de Mende (1 cardiologue) : voir Figure 26, page 125. L'accessibilité maximale se situe entre ces deux communes (8 à 10 cardiologues pour 100 000 habitants), tandis que de nombreuses communes au Nord, Est et Sud du département ont une accessibilité spatiale à ce service parmi les plus faibles.

Etant donné que l'accessibilité spatiale des médecins spécialistes dépend moins de la distance que celle des médecins généralistes, ces cartes peuvent paraître, a priori, peu représentatives de l'accessibilité réelle de la population. En effet, si la logique de proximité prime pour l'accès aux soins généralistes, l'accès aux soins de spécialités est davantage lié à l'accessibilité temporelle : les patients pouvant parcourir plusieurs centaines de kilomètres pour accéder à un service rare dont le délai d'attente pour un rendez-vous est moins important que celui proposé dans leur territoire de résidence. Néanmoins, les médecins de l'URML Languedoc-Roussillon ont souligné l'intérêt de ce type de carte pour l'organisation des soins pour le territoire. En effet, l'analyse de l'hétérogénéité de l'accessibilité spatiale à un service de soins donné constitue un point de départ nécessaire pour organiser le parcours de soins et la prise en charge des patients : par exemple, il sera difficile d'organiser une offre de soins ambulatoire pour des communes rurales éloignées des centres urbains disposant des services de soins étant donné que cela nécessite beaucoup de moyen pour dépasser les obstacles liés à l'offre peu abondante et aux grandes distances à parcourir.

Ainsi ces cartes constituent une première représentation de l'accessibilité spatiale aux services de soins sur les territoires. Comme l'indique R. Brunet[152], les cartes thématiques, support et objet de modélisation, possèdent d'incontestables avantages pour la communication des résultats. A cet égard, l'objectif d'un tel modèle est de susciter des discussions et débats concernant leurs constructions et leurs interprétations avec les acteurs concernés afin d'affiner le modèle proposé.

---

[152] BRUNET R. (2000)

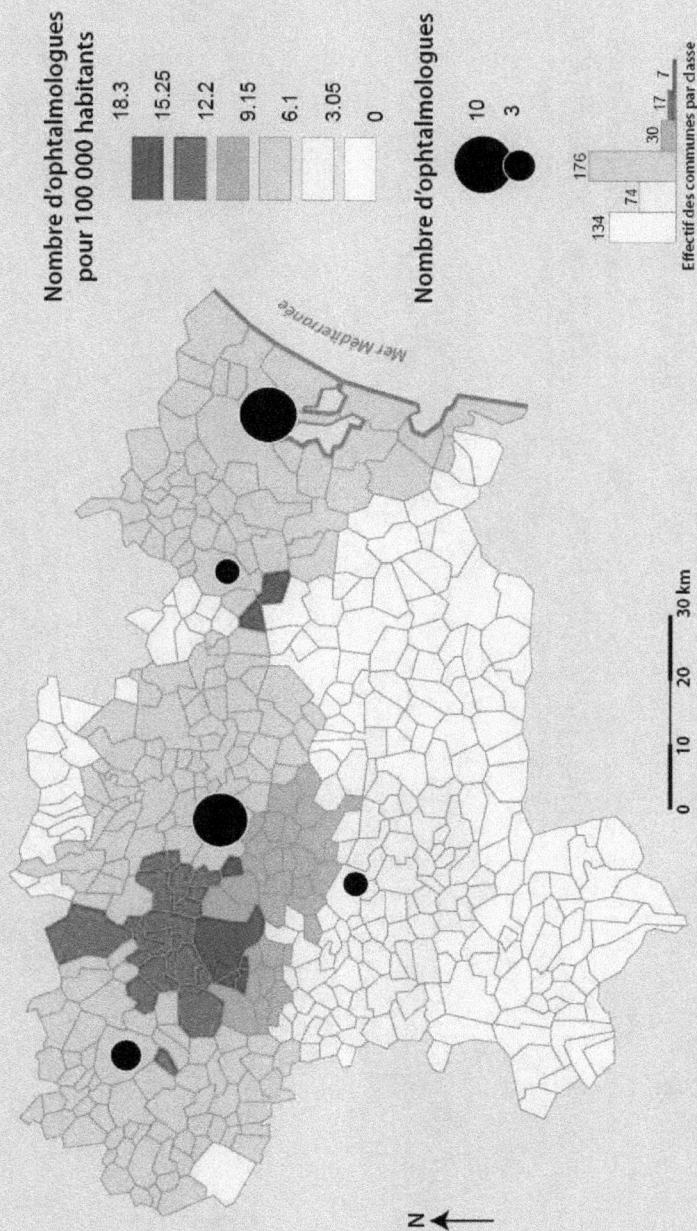

L'accessibilité spatiale aux ophtalmologues dans l'Aude à 30 minutes en 2008

Nombre d'ophtalmologues pour 100 000 habitants

18.3
15.25
12.2
9.15
6.1
3.05
0

Nombre d'ophtalmologues

10
3

176
134
74
30 17 7
Effectif des communes par classe

Mer Méditerranée

N

0   10   20   30 km

Données de la Base Permanentes des Equipements (INSEE, 2008), Google Maps, Réalisé avec Philcarto.

Auteur : Joy Raynaud, 2010

Figure 21 : L'accessibilité spatiale aux ophtalmologues dans l'Aude à 30 minutes en 2008. Données : BPE, INSEE, 2008.

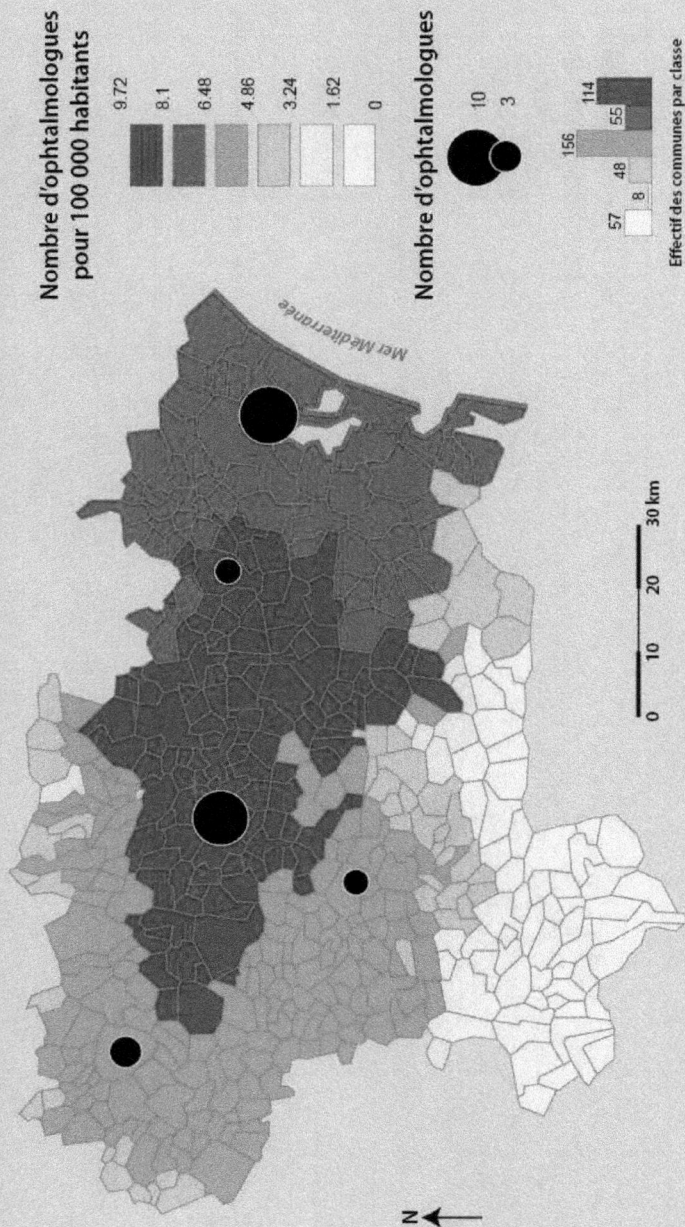

L'accessibilité spatiale aux ophtalmologues dans l'Aude à 60 minutes en 2008

Nombre d'ophtalmologues pour 100 000 habitants

9.72
8.1
6.48
4.86
3.24
1.62
0

Nombre d'ophtalmologues

10
3

Effectif des communes par classe

57   48   156   114   55   8

Mer Méditerranée

0   10   20   30 km

N

Données de la Base Permanentes des Equipements (INSEE, 2008), Google Maps, Réalisé avec Philcarto.

Auteur : Joy Raynaud, 2010

Figure 22 : L'accessibilité spatiale aux ophtalmologues dans l'Aude à 60 minutes en 2008. Données : BPE, INSEE, 2008.

L'accessibilité spatiale aux ophtalmologues en Lozère à 30 minutes en 2008

Nombre d'ophtalmologues pour 100 000 habitants

9.28
7.74
6.19
4.64
3.09
1.55
0

Nombre d'ophtalmologues
2
1

Effectif des communes par classe

Données de la Base Permanentes des Equipements (INSEE, 2008), Google Maps. Réalisé avec Philcarto.

Auteur : Joy Raynaud, 2010

L'accessibilité spatiale aux ophtalmologues en Lozère à 60 minutes en 2008

Nombre d'ophtalmologues pour 100 000 habitants

4.46
3.72
2.98
2.23
1.49
0.74
0

Nombre d'ophtalmologues
2
1

Effectif des communes par classe

Données de la Base Permanentes des Equipements (INSEE, 2008), Google Maps. Réalisé avec Philcarto.

Auteur : Joy Raynaud, 2010

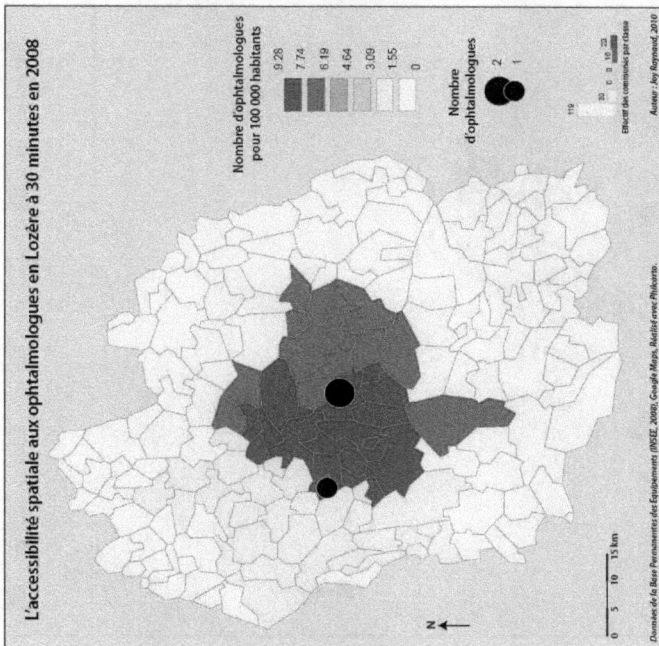

Figure 24 : L'accessibilité spatiale aux ophtalmologues en Lozère à 30 minutes en 2008. Données : BPE, INSEE, 2008.

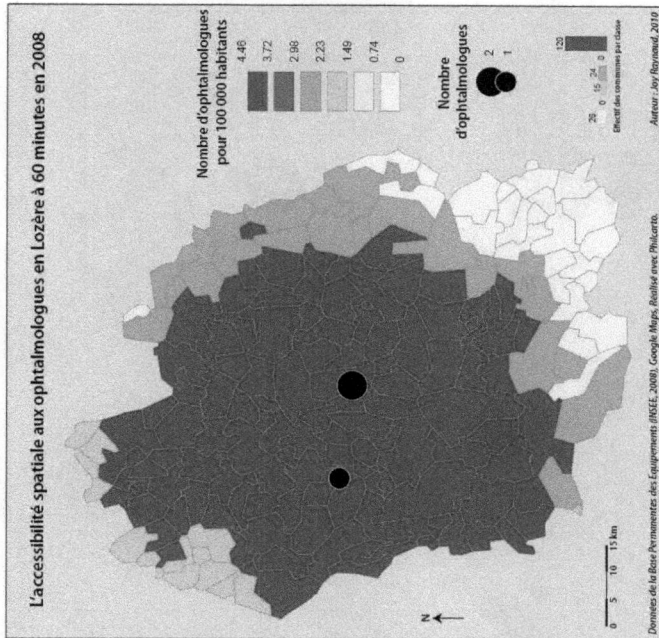

Figure 23 : L'accessibilité spatiale aux ophtalmologues en Lozère à 60 minutes en 2008. Données : BPE, INSEE, 2008.

123

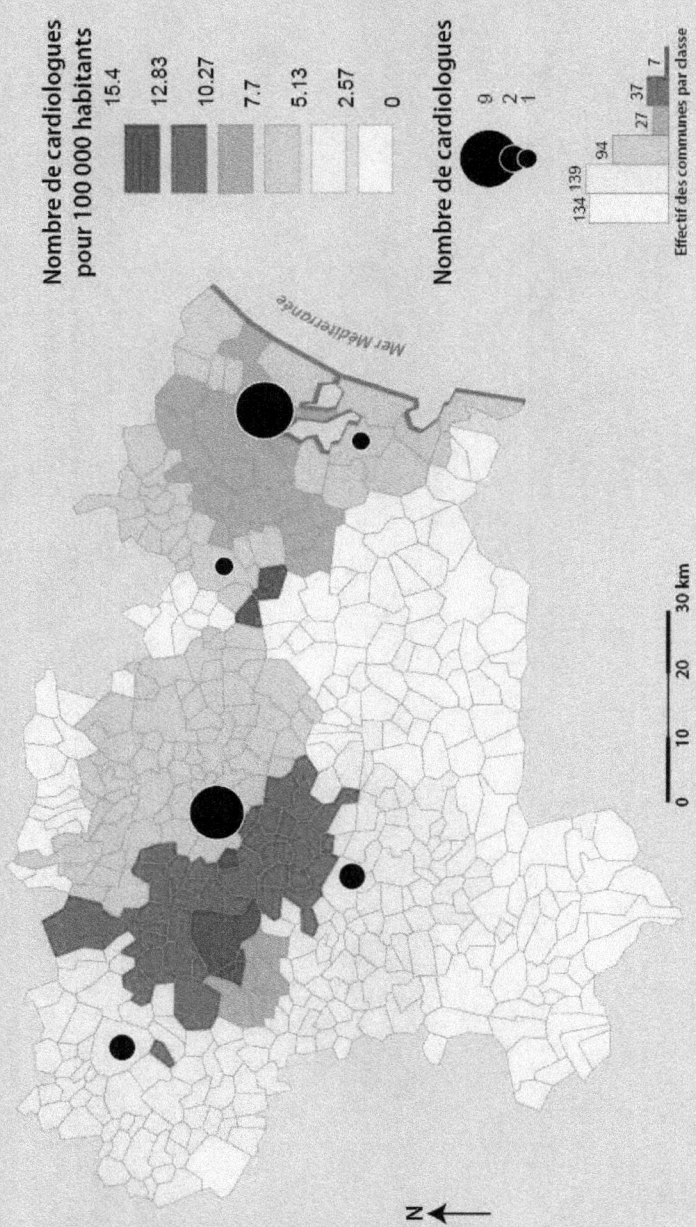

L'accessibilité spatiale aux cardiologues dans l'Aude à 30 minutes en 2008

Nombre de cardiologues
pour 100 000 habitants

15.4
12.83
10.27
7.7
5.13
2.57
0

Mer Méditerranée

Nombre de cardiologues

9
2
1

134 139
94
27 37 7
Effectif des communes par classe

N

0 10 20 30 km

Donnéés de la Base Permanentes des Equipements (INSEE, 2008), Google Maps, Réalisé avec Philcarto.

Auteur : Joy Raynaud, 2010

Figure 25 : L'accessibilité spatiale aux cardiologues dans l'Aude en 30 minutes en 2008. Données : BPE, INSEE, 2008.

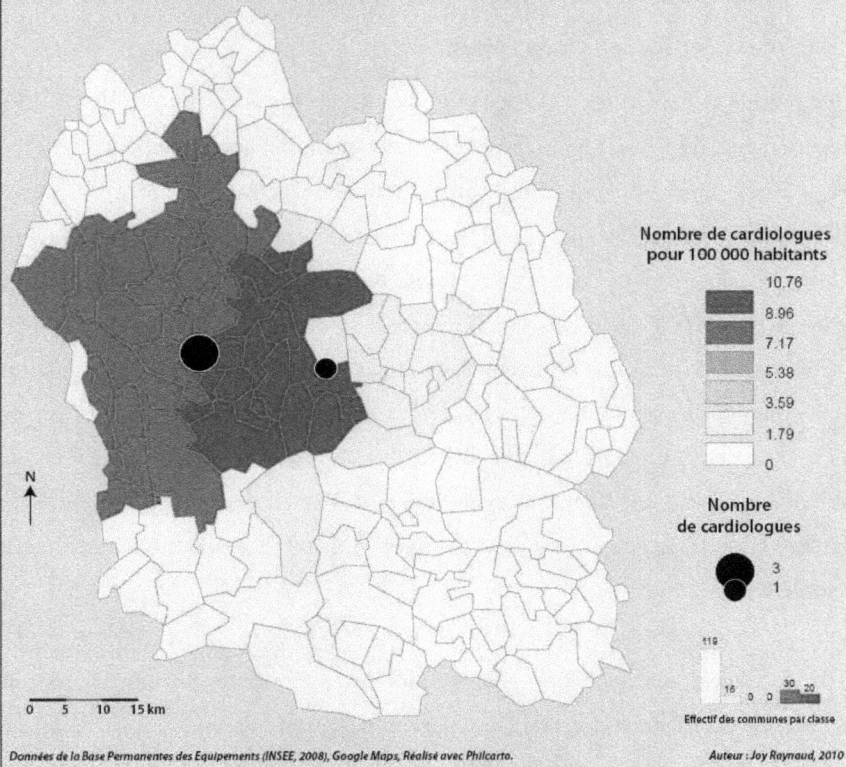

Figure 26 : L'accessibilité spatiale aux cardiologues en Lozère à 30 minutes en 2008. Données : BPE, INSEE, 2008.

3. _Discussion et validation les hypothèses du modèle_

a. Identifier les principaux obstacles

Une première étape pour vérifier la validité des hypothèses du modèle pour les départements de l'Aude et de la Lozère, est d'identifier les principaux obstacles de l'accès aux soins. L'accessibilité spatiale, à travers l'analyse de la disponibilité et de la proximité géographique, ne constitue pas toujours l'obstacle majeur pour accéder aux soins. Nous l'avons vu, aux Etats-Unis, la principale barrière de l'accès est la dimension financière. La commodité peut correspondre à un obstacle majeur dans le cas où une majorité de la population active ne peut se rendre dans les structures de soins aux heures d'ouverture ou bien si le délai d'attente en salle d'attente est trop long. Enfin, pour certains individus ayant une appartenance religieuse ou bien une idéologie en contradiction avec le système de délivrance de soins, l'adaptabilité constitue la première contrainte.

Afin d'éclairer ces questions pour valider les hypothèses du modèle, il sera nécessaire d'effectuer des enquêtes auprès des professionnels de santé et des patients. Par exemple, il serait intéressant d'interroger les patients sur le temps de trajet qu'ils sont prêt à effectuer pour accéder aux médecins généralistes et spécialistes. Cela permettrait de réaliser des représentations cartographiques en tenant compte d'une estimation des comportements réels des patients. De même, concernant la définition de secteurs de garde pour la permanence des soins, il serait préférable d'interroger les médecins sur une distance maximale qu'ils jugent acceptables d'effectuer pour accéder au domicile du patient, de jour comme de nuit.

Ainsi, ce type d'enquête pourrait concerner l'ensemble de la population sur un territoire donnée, ou bien cibler une catégorie sociodémographique ou culturelle spécifique de la population. Il peut s'agir d'une enquête visant, par exemple, un échantillon représentatif de l'ensemble de la population d'un département, de la population âgée de plus de 65 ans, des populations chinoises résidant en France. Concernant l'identification du principal obstacle rencontré par les médecins pour accéder au domicile des patients, les enquêtes pourraient être réalisées auprès de l'ensemble des médecins généralistes et spécialistes ou bien en ciblant les médecins assurant la permanence des soins, etc.

b. Amélioration de la mesure de l'offre et de la demande de soins sur les territoires

L'amélioration de la mesure de l'accessibilité spatiale aux structures sanitaires repose sur deux éléments essentiels : l'estimation de l'offre de soins et celle de la demande pour un territoire donné. Ces deux informations sont à affiner afin que les résultats et la cartographie de l'indicateur soient plus représentatifs des réalités territoriales en termes d'accessibilité spatiale.

Pour une mesure plus précise de l'offre de soins, il est nécessaire de connaitre précisément le temps durant lequel le médecin exerce. En effet, un médecin qui exerce à mi-temps pour des raisons professionnelles (mi-temps en structure hospitalière, etc.) ou personnelles (garde des enfants, etc.) réduit considérablement l'accessibilité temporaire de la population aux services de soins. Dans les territoires ruraux où un faible nombre de médecins assure un service de soins, la représentation de l'accessibilité spatiale de ces communes serait alors fortement modifiée. Par exemple, si les quatre cardiologues exerçant en Lozère en 2008, passent plusieurs jours par semaine au Centre Hospitalier

Universitaire de Montpellier (CHU), il serait plus juste de pondérer le nombre de cardiologues par la fraction de temps passée en Lozère.

Par ailleurs, dans notre calcul de l'indicateur de type 2SFCA nous avons considérer que la demande de soins est homogène pour l'ensemble de la population : le dénominateur du rapport offre/demande est donc la population communale totale. Cette hypothèse initiale simplificatrice constitue une première appréciation de l'accessibilité spatiale à l'offre de soins. Néanmoins, pour une mesure plus précise et plus représentative des réalités territoriales, il est nécessaire d'estimer la demande en fonction de critères sociodémographiques et éventuellement épidémiologiques. Une étude approfondie devra alors être réalisée à partir de la littérature scientifique pour élaborer une méthode d'estimation de la demande la plus synthétique et la plus représentative possible. La représentation cartographique de la demande de soins de la population sur un territoire permettra d'expliquer l'hétérogénéité de l'accessibilité spatiale observée. Cette étape est essentielle pour l'élaboration des politiques publiques différenciées selon les besoins de la population en vue d'une égalité d'accès aux soins sur les territoires.

c. Discussion pour une meilleure accessibilité spatiale

L'élaboration et la représentation cartographique des indicateurs de l'accessibilité spatiale permettent d'observer une hétérogénéité spatiale et donc d'identifier les communes dont l'accessibilité est la plus faible afin d'y appliquer des politiques publiques ciblées. Mais les indicateurs constituent également des éléments importants pour la recherche d'une meilleure accessibilité spatiale. Pour les pouvoirs publics qui incarnent des valeurs républicaines d'égalité et de solidarité, l'optimisation du potentiel d'accessibilité spatiale en santé correspond à la volonté d'homogénéiser l'offre de soins sur les territoires. Cette politique s'observe plus largement dans le domaine de l'aménagement du territoire (la loi relative à la Solidarité et au Renouvellement Urbain en 2000, les métropoles d'équilibre en 1964, etc.). Ces valeurs sont également partagées par le professeur Henry Picheral, « *l'aménagement du territoire est une politique volontariste d'équité territoriale par correction des déséquilibres et des inégalités économiques et sociales d'un espace national ou régional. En matière de santé, l'Etat se dote de moyens appropriés ou délègue aux collectivités territoriales (décentralisation) des compétences réglementaires pour assurer aux populations une meilleure desserte (proximité) et un meilleur encadrement, et finalement pour garantir une plus grande justice spatiale* »[153].

La nature des principaux obstacles pour l'accès aux soins, la quantité d'offre de soins et la demande de soins sont des éléments dynamiques dans le temps. Dans ce contexte, l'amélioration de l'accessibilité spatiale nécessite d'appréhender les évolutions de ces éléments. Par exemple, pour un territoire donné, quel serait le nombre requis de médecins par habitants ? Les réponses se situent à plusieurs échelles géographiques. A l'échelle nationale, il s'agit de regarder les écarts à la moyenne : des territoires déficitaires et excédentaires sont alors définis. Cette méthode est peu recommandée puisqu'elle ne tient pas compte d'une demande de soins hétérogène selon les territoires. A l'échelle communale, le nombre de médecins requis peut être défini en fonction de la demande de soins de la population et donc, par exemple, de critères sociodémographiques. Une troisième échelle géographique apparait, celle du territoire englobant ces communes tel que le département, elle constitue un espace de référence dans lequel il est possible de raisonner sur l'accessibilité aux services par un réseau

---

[153] PICHERAL H. (2001)

de transport ou bien de comparer l'offre de soins de chaque commune sur le territoire.

Ainsi, l'évaluation et la prise en compte des inégalités socio-spatiales de la demande de soins par les pouvoirs publics permettent de tendre vers un accès aux soins plus égalitaire à travers un développement cohérent des territoires. De même, la prise en compte de la demande de soins dans l'analyse de l'accessibilité spatiale permet une répartition plus équitable des structures de soins ainsi qu'une une meilleure organisation de l'accès à la santé dans les centres urbains congestionnés, dans les espaces périurbains ou encore les territoires ruraux faiblement peuplés[154]. Seule une offre excédentaire par rapport à la demande peut justifier la fermeture de services de maternité, de chirurgie et de médecine avec ses principales spécialités (cardiologie, rhumatologie, pédiatrie, gastro-entérologie), sans cela, l'accroissement des besoins renforcera le déséquilibre des territoires.

---

[154] VIGNERON E. (1999)

Conclusion et perspectives d'études pour une poursuite en thèse

1. *Conclusion*

La question de l'accès est au cœur des réflexions en aménagement du territoire, notamment lorsque l'Etat réaffirme sa volonté de garantir une égalité d'accès aux infrastructures publiques conforme au principe d'égalité des citoyens devant le service public. En matière sanitaire, les politiques publiques en France, mais aussi l'OMS, visent une répartition plus homogène de l'offre de soins afin de garantir une meilleure égalité d'accès des populations à la santé sur l'ensemble des territoires. Dans ce contexte, l'objectif de ce travail a été de définir et de mesurer l'accessibilité spatiale à l'offre de soins dans un système de santé donné, à travers l'élaboration de modèles et d'indicateurs afin d'analyser et d'interpréter la représentation spatiale de ce concept.

Pour parvenir à cet objectif, nous avons construit, dans un premier temps, un cadre conceptuel pour analyser le processus d'obtention des soins. Malgré le nombre important d'études françaises abordant la question de l'accès par la notion de distance, nous avons pu observer, en analysant quelques exemples de systèmes de soins à l'étranger, que le concept d'accès révèle de multiples dimensions. Une étude détaillée de ces principaux cadres conceptuels nous a ainsi permis d'élaborer une synthèse modélisant le processus d'obtention des soins sous la forme d'un système dynamique (voir Figure 5, page 49). Ce modèle s'inscrit à chaque échelle territoriale qui présente une compétence de gestion en matière sanitaire, on assiste alors à un emboitement des processus d'obtention des soins à différentes échelles, du local au global. L'analyse de

131

l'ensemble de ce processus permet l'évaluation de la performance du système en fonction d'indicateurs ainsi que l'amélioration des mesures de gestion du système de santé.

La définition de ce cadre conceptuel constitue une étape indispensable pour comprendre, dans un second temps, comment mesurer l'accessibilité spatiale. Or, la complexité des dimensions de l'accès et de leurs interactions ne permet pas de mesurer de l'accessibilité spatiale réelle. Nous avons alors souligné l'intérêt de la modélisation en sciences humaines pour formuler des hypothèses permettant de proposer des mesures opérationnelles. En effet, l'étude des modèles a permis d'analyser la capacité d'un indicateur à représenter cette accessibilité en fonction du choix des hypothèses. Enfin, une démarche d'évaluation et d'amélioration de ces modèles a été proposée dans le cadre de leurs utilisations en aménagement sanitaire. Ainsi, ce bilan constitue un cadre de travail pour l'analyse et la validation des modèles et de leurs indicateurs dans une dynamique opérationnelle en aménagement du territoire.

Enfin, la création d'un cadre d'analyse pour le processus d'obtention des soins et pour la démarche de modélisation permet de réaliser une application opérationnelle en proposant une représentation cartographique de l'accessibilité spatiale aux médecins généralistes ainsi qu'aux ophtalmologues et cardiologues dans les départements de l'Aude et de la Lozère. Nous avons ainsi étudié les cartes de l'accessibilité à l'offre de soins créées à partir d'un indicateur de type 2SFCA (*two-step floating catchment area*) et selon un seuil de temps de trajet effectué avec un véhicule individuel, de 20 minutes pour les médecins généralistes et de 30 ou 60 minutes pour les médecins spécialistes. Les résultats ont montré que les communes ayant une accessibilité spatiale parmi les plus faibles ne correspondaient pas aux zones déficitaires pour l'accès aux médecins généralistes définies par l'URCAM-ARH. Afin de valider ces conclusions, il est nécessaire d'effectuer plusieurs vérification concernant la nature des principaux obstacles de l'accès ainsi que l'amélioration de la mesure de l'offre et de la demande afin de valider les résultats de ces indicateurs. Cependant, nous avons mis en évidence l'intérêt d'une telle démarche de modélisation en géographie pour susciter des discussions avec les acteurs de santé concernés afin d'améliorer l'accès aux soins. D'autre part, la validation des hypothèses du modèle et la compréhension de leurs dynamiques constituent des éléments essentiels pour la recherche d'une meilleure accessibilité spatiale.

Ainsi, ce mémoire s'inscrit dans une dynamique souhaitant associer une réflexion théorique et conceptuelle avec des applications opérationnelles en aménagement du territoire. La constante interaction entre les études issues de la communauté universitaire et l'analyse des problématiques territoriales par les professionnels de santé ont constitué un cadre de travail très enrichissant dans lequel il est passionnant de s'investir.

2. *Perspectives d'études pour une poursuite en thèse*

- **Objectifs**

Dans le cadre d'une réflexion sur l'organisation des soins, l'URML a pour vocation d'évaluer les besoins de santé et promouvoir la coordination entre professionnels de santé. Ces objectifs requièrent une analyse approfondie des concepts et méthodes développés en géographie et en aménagement du territoire. Comment définir un découpage de territoires pour la coordination des professionnels de santé ? Comment estimer le nombre de médecins suffisant pour répondre à la demande de soins sur un territoire ? Comment anticiper les inégalités territoriales en termes d'offre de soins, en fonction des prévisions de l'évolution de la démographie médicale et de la population ?

- **Contexte**

Afin de répondre à ces questions, un travail important a été réalisé en inscrivant ces problématiques dans le cadre conceptuel de l'accès aux soins. L'intérêt d'une démarche de modélisation a notamment été souligné pour aborder de façon rigoureuse les questions relatives à l'accessibilité spatiale.

- **Méthode**

  ➢ *Propositions de techniques de validation et d'interprétation des indicateurs*

La démarche de modélisation nécessite de valider les hypothèses formulées pour le calcul des indicateurs. Dans ce contexte, il sera nécessaire d'élaborer des enquêtes afin de déterminer pour chaque territoire :
- les principaux obstacles de l'accès aux soins ;
- une amélioration de la mesure de l'offre de soins en tenant compte de l'accessibilité temporelle (délais d'attente pour obtenir un rendez-vous, une intervention chirurgicale, etc.), ce qui est particulièrement important dans le cas de l'accès aux soins de spécialités ;
- une amélioration de la mesure de la demande de soins en prenant en compte les caractéristiques sociodémographiques et/ou épidémiologiques.

Les résultats de ces enquêtes permettront d'améliorer les indicateurs de l'accessibilité spatiale, par exemple en appliquant des pondérations sur l'offre, la demande et la distance pour les indicateurs de type 2SFCA[155]. Enfin, une

---

[155] WANG L. (2007)

réflexion approfondie sera menée sur les méthodes les plus adaptées de discrétisation pour la représentation cartographique du concept d'accès.

> *Application à la représentation de l'accessibilité spatiale en Languedoc-Roussillon*

La cartographie des indicateurs sélectionnés pour la représentation de l'accessibilité spatiale permettra de s'interroger sur :

- les découpages les plus pertinents pour l'organisation sanitaire et la coordination des professionnels de santé pour assurer, par exemple, la permanence des soins à travers des critères liés à la disponibilité et à la proximité des services pour une population exprimant une demande ;
- la définition de zones faiblement accessibles en fonction de la demande en médecins généralistes ou spécialistes.

Ces résultats pourront être comparés aux perceptions des professionnels de santé et de la population lors de discussions participatives ou à l'aide d'enquêtes de satisfaction réalisées auprès de l'ensemble des acteurs du système de santé.

> *Réflexions sur des questions d'optimisation de l'accessibilité spatiale*

Afin de répondre à la question de l'offre de soins optimale pour une demande de soins exprimée sur un territoire, une méthode devra être développée, tenant compte des résultats des indicateurs et de la satisfaction des professionnels de santé et des patients concernant l'accès aux soins. D'autre part, une étude sera menée sur l'amélioration de l'organisation de la permanence des soins en fonction de contraintes d'acceptabilité et de disponibilité des professionnels de santé, mais aussi de la demande de soins sur un territoire. A cet égard, une analyse de l'impact de la localisation de nouvelles structures de soins pourra être proposée. Enfin, à partir de scénarios envisagés sur l'évolution démographique de la population et des médecins, des modèles seront proposés afin d'anticiper l'hétérogénéité de l'accessibilité spatiale aux soins sur les territoires.

- **Résultats attendus**

Ce projet conduit au développement de méthodes innovantes en vue d'une application opérationnelle en aménagement sanitaire. Il permettra d'élaborer un cadre de travail rigoureux pour l'évaluation des modèles et la proposition d'un indicateur synthétique tenant compte de l'ensemble des dimensions de l'accès propre à un territoire. Puis, la représentation cartographique de l'accessibilité spatiale permettra de discuter de l'organisation de l'offre de soins et d'identifier les territoires déficitaires. L'objectif est d'aboutir à une méthode visant l'amélioration de l'accès aux soins en tenant compte des perceptions des médecins et des patients dans différents contextes géographiques et sociodémographiques.

Bibliographie

ADAY L.A., ANDERSEN R.M. (1974), "A framework for the study of access to medical care", *Health Services Research*, vol. 9, p. 208-220.

AGENCE NATIONALE D'ACCREDITATION ET D'ÉVALUATION EN SANTÉ (2002), *Construction et utilisation des indicateurs dans le domaine de la santé : Principes généraux*, ANAES, Paris, 39 p.

ANDERSEN R.M. (1995), "Revisiting the behavioral model and access to medical care: does it matter?", *Journal of Health and Social Behavior*, Vol. 36, n°1, p. 1-10.

AUBLET-CUVELIER B. (2002), « Télémédecine : la fin des territoires ? », in VIGNERON E. (dir.), *Santé et territoires, une nouvelle donne*, Paris, Aube-DATAR, p. 145-170.

BAKIS H. (1997), « Approche spatiale des technologies de l'information », article introductif du numéro spécial de la *Revue Géographique de l'Est* « Télécommunications rhénanes », n°4, p. 255-262.

BARBAT-BUSSIERE S. (2009), *L'offre de soins en milieu rural : l'exemple d'une recherche appliquée en Auvergne*, Clermont-Ferrand, Presses Universitaires Blaise Pascal, Collection CERAMAC, 488 p.

BASHSHUR R. L. et *al.* (2005), "Telemedicine evaluation", *Telemedicine and e-health*, Vol. 11, n°3, p. 296-316.

BASHSHUR R. L. et al. (2000), "Telemedicine: A New Health Care Delivery System", *Annual Review of Public Health*, Vol. 21, p. 613-637.

BEGUIN M., PUMAIN D. (2003), *La représentation des données géographiques: statistique et cartographie*, Paris, Armand Colin, Cursus, 192 p.

BEHAR D., ESTEBE P. (2007), « Aménagement du territoire, une mise en perspective », in LAU E. (dir.), *L'état de la France : Un panorama unique et complet de la France*, édition 2007-2008, La Découverte, Paris, p. 286-295.

BLOY G., SCHWEYER F-X. (dir.) (2010), *Singuliers Généralistes. Sociologie de la médecine générale*, Paris, Presses de l'EHESP, 424 p.

BRODIN M. (2000), *Rapport 2000*, Conférence Nationale de Santé, 70 p.

BONGIOVANI I., NOGUES M. (2002), « Réseaux de santé et aménagement du territoire », in VIGNERON E. (dir.), *Santé et territoires, une nouvelle donne*, Paris, Aube-DATAR, p. 145-170.

BOURDILLON F. (2005), « Les territoires de la santé, maillon clé de l'organisation sanitaire », *Revue française d'administration publique*, Vol. 1, n°113, p. 139-145.

BOURGUEIL Y., MAREK A., MOUSQUES J. (2009), « Trois modèles types d'organisation des soins primaires en Europe, au Canada, en Australie et en Nouvelle-Zélande », *Questions d'économie de la Santé*, IRDES, n°141, 6 p.

BOURGUEIL Y., MAREK A., MOUSQUES J. (2007), *Médecine de groupe en soins primaires dans six pays européens, en Ontario et au Québec : état des lieux et perspectives*, IRDES, Biblio n° 1675, 180 p.

BRUNET R. (2000), « Des modèles en géographie ? Sens d'une recherche », *Bulletin de la Société de Géographie de Liège*, n°2, p. 21-30.

CAMPBELL S. M., ROLAND M.O., BUETOW S. A. (2000), « Defining quality of care », *Social Science & Medicine*, Elsevier, Vol. 51, n°11, p. 1611-1625

CASES C., BAUBEAU D. (2004), « Peut-on quantifier les besoins de santé ? », DREES, Solidarité et Santé, n°1, p. 17-22.

CAREL D. et *al.* (2002), *Santé et milieu rural – une démarche exploratoire menée par trois URCAM*, URCAM Franche-Comté, URCAM Aquitaine, URCAM Languedoc-Roussillon, CREDES, 92 p.

CLEMENT J-M. (2009), *La nouvelle loi Hôpital Patients Santé Territoires : Analyse, critique et perspectives*, Bordeaux, Les études hospitalières, 134 p.

CHAMBARETAUD S., LEQUET-SLAMA D., RODWIN V. G. (2001), « Couverture maladie et organisation des soins aux États-Unis », *Etudes et Résultats*, DRESS, n°119, 12 p.

CHAMBARETAUD S., HARTMANN L. (2004), « Economie de la santé : avancées théoriques et opérationnelles», *Revue de l'OFCE*, n°91, p. 237-268.

CHAPELON L. (1998), « Evaluation des projets autoroutiers : vers une plus grandes complémentarité des indicateurs d'accessibilité. Approche par analyse des détours imposés et des itinéraires empruntés », *Les Cahiers Scientifiques du Transport*, n° 33, p. 11-40.

COHU S., LEQUET-SLAMA D. (2007), « Le système d'assurance santé aux États-Unis : Un système fragmenté et concurrentiel », *Etudes et Résultats*, DRESS, n°600, 8 p.

COLDEFY M., LUCAS-GABRIELLI V. (2008), *Les territoires de santé : des approches régionales variées de ce nouvel espace de planification*, IRDES, 31 p.

CONTANDRIOPOULOS A-P. (2008), « La gouvernance dans le domaine de la santé : une régulation orientée par la performance », *Santé publique*, Vol. 2, n°20, p. 191-199.

CREDES (2003), *Territoires et accès aux soins : rapport du groupe de travail*, Paris : La documentation française, 89 p.

ESTELLAT C., LEBRUN L. (2004), *Revue des méthodes d'évaluation des besoins de santé*, Direction de l'hospitalisation et de l'organisation des soins (DHOS), 25 p.

FRENK J. (1992), "The concept and measurement of accessibility", in WHITE K.L., *Health Services Research: an Anthology*, Scientific Publication N°534, Washington, DC: Pan American Health Organization, p. 842-855.

FRENK J. (1985), "The concept and measurement of accessibility", *Salud Publica de Mexico*, Vol. 27, p. 438-453.

GRIGNON M., NAUDIN F. (2002), *Faisabilité d'une évaluation des dispositifs d'amélioration de l'accès aux soins et à la prévention*, CREDES, 120 p.

GUAGLIARDO M-F. (2004), "Spatial accessibility of primary care: concepts, methods and challenges", *International Journal of Health Geographics*, Vol. 3, n°3, p. 1-13.

GUIGOU J-L. et *al.* (2001), *Aménagement du territoire*, Les Rapports du Conseil d'analyse économique, n° 31, Paris, La Documentation française, 256 p.

Haut Comité de la Santé Publique (2002), *La santé en France 2002*, Troisième rapport triennal du Haut Comité de la Santé Publique, Paris, La Documentation française, 412 p.

INSEE (2008), *Tableaux de l'économie du Languedoc-Roussillon*, p. 83-97

JOSEPH A. E., BANTOCK P. R. (1982), "Measuring potential physical accessibility to general practitioners in rural areas: a method and a case study", *Social Science & Medicine*, Vol. 16, p. 85-90.

LACOSTE O., SALOMEZ J-L. (1999), « Peut-on déterminer les besoins locaux de santé ? » in CORVEZ A., VIGNERON E. (dir.), *Santé publique et aménagement du territoire*, Revue trimestrielle du Haut Comité de la santé publique : Actualité et dossier en santé publique, La Documentation Française, n°29, 90 p.

LANGLOIS P., REGUER D. (2005), « La place du modèle et de la modélisation en Sciences Humaines et Sociales », in GUERMOND Y. (dir.), *Modélisations en géographie : déterminismes et complexités*, Paris, Hermès France, Lavoisier, 390 p.

LASBORDES P. (2009), *La télésanté : un nouvel atout au service de notre bien-être. Un plan quinquennal éco-responsable pour le déploiement de la télésanté en France*, 247 p.

LEVY J., LUSSAULT M. (dir.) (2003), *Dictionnaire de la géographie et de l'espace des sociétés*, Paris, Belin, 1034 p.

LUCAS-GABRIELLI V. et *al.* (2003), « Une revue de méthodes et d'expériences d'analyse et de construction de territoires », in CREDES (2003), *Territoires et accès aux soins : rapport du groupe de travail*, Paris : La documentation française, 89 p.

LUCAS-GABRIELLI V., NABET N., TONNELIER F. (2001a), « Les soins de proximité : une exception française ? », *Bulletin d'Information en Economie de la Santé*, n°39, p. 1-4.

LUCAS-GABRIELLI V., NABET N., TONNELIER F. (2001b), *Les soins de proximité : une exception française ?*, Paris, CREDES, 92 p.

LUCAS-GABRIELLI V., TONNELLIER F. (1995), *Distance d'accès aux soins en 1990*, Paris, CREDES, Biblio n°1098, 74 p.

LUCCHINI F. (2005), « La formalisation des connaissances dans un système simplifiant la réalité », in GUERMOND Y. (dir.), *Modélisations en géographie : déterminismes et complexités*, Paris, Hermès France, Lavoisier, 390 p.

LUO W., QI Y. (2009), "An enhanced two-step floating catchment area (E2SFCA) method for measuring spatial accessibility to primary care physicians", *Health and Place*, Elsevier, vol. 15, n°4, p. 1100-1107

MARY J-F., TOUSSAINT J-M. (2005), « Des modèles opérationnels dans le domaine de la politique de la santé », in GUERMOND Y. (dir.), *Modélisations en géographie : déterminismes et complexités*, Paris, Hermès France, Lavoisier, 390 p.

MASSÉ G. et *al.* (2006), « Plaidoyer pour la naissance d'une télépsychiatrie française », *Revue de l'Information Psychiatrique*, Vol. 82, n°10, p. 801-810.

MATHIEU N. (2005), « Le goût de la mesure du modèle », in GUERMOND Y. (dir.), *Modélisations en géographie : déterminismes et complexités*, Paris, Hermès France, Lavoisier, 390 p.

McGRAIL M. R., HUMPHREYS J. S. (2009), "Measuring spatial accessibility to primary care in rural areas: Improving the effectiveness of the two-step floating catchment area method", *Applied Geography,* Vol. 29, p. 533-541.

MIZRAHI A., MIZRAHI A. (1992), « Les champs d'action des équipements médicaux : distances et consommations médicales », *Espace Populations Sociétés*, n°3, p. 333-343.

MUSSO P., CROZET Y., JOIGNAUX G. (2001), « Réseaux et territoires : la construction d'une problématique », in *Territoires 2020*, Revue d'étude et de prospective, n°3, Paris, Datar, La Documentation Française, p. 101-114.

OMS (2008), *Rapport sur la santé dans le monde, 2008 : les soins de santé primaires - maintenant plus que jamais*, Genève, OLS, 149 p.

PENCHANSKY R., THOMAS J. W. (1981), "The Concept of Access: Definition and Relationship to Consumer Satisfaction", *Medical Care*, Vol. 22, n°6, p. 127-140.

PENCHANSKY R., THOMAS J. W. (1984), "Relating Satisfaction with Access to Utilization of Services", *Medical Care*, Vol. 19, n°2, p. 553-568.

PICHERAL H. (2001), *Dictionnaire raisonné de géographie de la santé*, Montpellier,
GEOS, Université de Montpellier III – Paul Valéry, 308 p.

PINCHEMEL P., PINCHEMEL G. (1997), *La face de la Terre : Eléments de géographie*, Paris, Armand Colin, Collection U, 5ème édition, 517 p.

PINEAULT R., DAVELUY C. (1995), *La planification de la santé. Concepts, méthodes, stratégies*, Montréal (Québec) : Ed. nouvelles, 480 p.

PICARD M. (2004), *Aménagement du territoire et établissement de santé*, République Française, Avis et rapports du Conseil Economique et Social, 246 p.

RICHARD, J-L. (2001), *Accès et recours aux soins de santé dans la sous-préfecture de Ouessè (Bénin)*, thèse de doctorat de sciences humaines soutenue à la Faculté des lettres et des sciences humaines de l'Université de Neuchâtel, 1134 p.

RICKETTS T. C., GOLDSMITH L. J. (2005), "Access in health services research: The battle of the frameworks", *Nursing Outlook*, Vol. 53, n°6, p. 274-280.

SAINT-GERAND T. (2005), « Comprendre pour mesurer ou mesurer pour comprendre ? HBDS : pour une approche conceptuelle de la modélisation géographique du monde réel », in GUERMOND Y. (dir.), *Modélisations en géographie : déterminismes et complexités*, Paris, Hermès France, Lavoisier, 390 p.

SALOMEZ J-L., LACOSTE O. (1999), « Du besoin en santé au besoin de soins. La prise en compte des besoins en planification sanitaire », *Hérodote*, n°92, p. 101-120.

SCHWEYER F-X (2004), « Les territoires de santé et la médecine libérale. Les enjeux d'une convergence », *Lien social et Politiques*, n° 52, p. 35-46.

SIMON P., ACKER D. (2008), *La place de la télémédecine dans l'organisation des soins*, Rapport du Ministère de la Santé et des Sports, 160 p.

VAGUET A. (2005), « Un modèle peut en cacher un autre : les modèles des géographies de la santé », in GUERMOND Y. (dir.), *Modélisations en géographie : déterminismes et complexités*, Paris, Hermès France, Lavoisier, 390 p.

VIGNERON E., CORVEZ A., SAMBUC R. (2001), « Santé et territoires : les enjeux du futur à l'horizon 2020 » in *Territoires 2020*, DATAR, n°3, p. 87-99.

VIGNERON E. (2001), *Distance et Santé : la question de la proximité des soins*, Paris, PUF, Médecine et Société, 128 p.

VIGNERON E. (1999), « Les bassins de santé : concept et construction », in CORVEZ A., VIGNERON E. (dir.), *Santé publique et aménagement du territoire*, Revue trimestrielle du Haut Comité de la santé publique : Actualité et dossier en santé publique, La Documentation Française, n°29, 90 p.

WANG F., LUO W. (2005), "Assessing spatial and nonspatial factors for healthcare access: towards an integrated approach to defining health professional shortage areas", *Health & Place*, Vol. 11, n°2, p. 131-146.

WANG L. (2007), "Immigration, ethnicity, and accessibility to culturally diverse family physicians", *Health & Place*, Vol. 13, n°3, p. 656-671.

Index analytique

Table des figures

Table des matières

www.ingramcontent.com/pod-product-compliance
Lightning Source LLC
Chambersburg PA
CBHW021059210326
41598CB00016B/1264

9 783838 189802